ActionView::MissingTemplate in System/odb#generate_html_imprint

Showing */opt/vdmo_rails31/source/bsp/templates/public/imprint_FR.html.erb* where line **#1** raised:

```
Missing partial source/bsp/templates/public/imprint_default.rhtml with {:locale=>[:de],
:formats=>[:html], :handlers=>[:erb, :builder, :coffee]}. Searched in:
  * "/opt/vdmo_rails31/app/views"
```

Extracted source (around line **#1**):

```
1:     <%= render :partial =>
"#{@project.imprint.get_config_value_for_imprint("source_wkhtmltopdf_templates").cvalue}imprint_default.rhtml"
%>
```

Trace of template inclusion: app/views/system/odb/generate_html_/api/build/stone_content/7327/978-613-6-27347-1_imprint.html.erb

```
Rails.root: /opt/vdmo_rails31
```

[Application Trace](#) | [Framework Trace](#) | [Full Trace](#)

```
app/views/system/odb/generate_html_/api/build/stone_content/7327/978-613-6-27347-
1_imprint.html.erb:5:in
`_app_views_system_odb_generate_html_imprint_html_erb___2857346403096285225_83357080'
app/controllers/system/odb_controller.rb:67:in `generate_html_imprint'
```

Request

Parameters:

```
{"id"=>"115257"}
```

[Show session dump](#)

[Show env dump](#)

Response

Headers:

```
None
```

Contents

Articles

References

Komondor

Le **Komondor** est un chien de grande taille, rare en France (entre 300 et 400). De la famille des bergers, il est en fait un protecteur de troupeau au même titre que le Chien de montagne des Pyrénées ou Patou. C'est-à-dire que son rôle au sein du troupeau n'est pas de diriger les bêtes, mais de monter la garde et de les défendre contre loups, chiens errants et intrus.

Komondor mâle

Hors troupeau, il garde cet instinct de protection, s'attache fortement à son maître et surveille une propriété. Il prend rapidement conscience des limites de son territoire, et sait toujours trouver l'endroit pour surveiller efficacement tout en se reposant. Il se repose d'ailleurs souvent mais sait être vif et joueur. Il a besoin d'espace et ne saurait être heureux dans un appartement. D'un gabarit puissant, ne reculant devant rien, il repousse ne serait-ce que par sa prestance impressionnante et son grognement sourd et efficace.

Intelligent, il reconnaît rapidement les proches de son maître et sait leur faire bon accueil. Les enfants sont souvent impressionnés par le gabarit du chien au premier contact, mais le Komondor sait se faire accepter et se faire apprécier. Il aime les enfants et les protège.

Le maître doit vraiment être maître de son chien dans tous les sens du terme. Le Komondor est un chien qui s'éduque et se sociabilise dès la naissance. Ce travail est commencé par l'éleveur et doit être pris en charge par tout nouveau propriétaire.

Le mâle est un chien qui atteint les 80 kilos, la femelle 60 ; ils sont dominants et d'une puissance impressionnante.

Le Komondor ressemble bel et bien à un gros mouton dont on aurait méticuleusement défrisé la toison.

Origines

Issu probablement de races asiatiques, il aurait été amené voila plus de mille ans, par les tribus Magyars dans les plaines de Hongrie. Le Komondor à l'origine assurait la protection des troupeaux contre les prédateurs (loups et ours).

L'origine du nom « komondor » vient probablement de Koman-dor, "chien des Cumans" (peuple nomade de la plaine Hongroise). En 2011, sous le gouvernement de Viktor Orbán a été adoptée en Hongrie une taxe sur les chiens dont le Komondor est exempté au motif d'être « de race hongroise », au sens de la Grande Hongrie, bien qu'étant reconnu responsable d'un grand nombre de morsures[1] ,[2] ,[3] .

Voir aussi

Liens externes

- **(fr)** Elevage de komondor [4]
- **(fr)** les komondors de la badiane du castellas [5]

Notes et références

[1] **(hu)** Magyar fajták után nem szednek ebadót (http://tv2.hu/tenyek/cikk/magyar-fajtak-utan-nem-szednek-ebadot) de la chaîne privée TV2

[2] Une taxe qui a du chien ! (http://www.hu-lala.org/2011/12/07/une-taxe-qui-a-du-chien/), Vincent Baumgartner, 7 décembre 2011 Hu-lala

[3] Et la Hongrie inventa la préférence nationale canine (http://www.lemonde.fr/europe/article/2011/12/23/et-la-hongrie-inventa-la-preference-nationale-canine_1621558_3214.html), 23 décembre 2011 Le Monde

[4] http://www.komondor.fr

[5] http://www.komondor.be

Chien

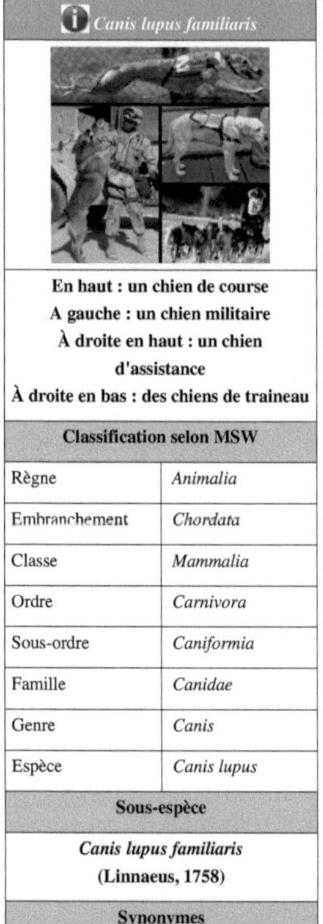

<table>
<tr><td colspan="2">ⓘ Canis lupus familiaris</td></tr>
<tr><td colspan="2">En haut : un chien de course
A gauche : un chien militaire
À droite en haut : un chien d'assistance
À droite en bas : des chiens de traineau</td></tr>
<tr><td colspan="2">Classification selon MSW</td></tr>
<tr><td>Règne</td><td>Animalia</td></tr>
<tr><td>Embranchement</td><td>Chordata</td></tr>
<tr><td>Classe</td><td>Mammalia</td></tr>
<tr><td>Ordre</td><td>Carnivora</td></tr>
<tr><td>Sous-ordre</td><td>Caniformia</td></tr>
<tr><td>Famille</td><td>Canidae</td></tr>
<tr><td>Genre</td><td>Canis</td></tr>
<tr><td>Espèce</td><td>Canis lupus</td></tr>
<tr><td colspan="2">Sous-espèce</td></tr>
<tr><td colspan="2">Canis lupus familiaris
(Linnaeus, 1758)</td></tr>
<tr><td colspan="2">Synonymes</td></tr>
</table>

> - *C. familiaris* Linnaeus, 1758
> - *C. f. domesticus* Linnaeus, 1758
> - *C. canis*

Le **chien** (*Canis lupus familiaris*) est un mammifère domestique de la famille des canidés. C'est la première espèce animale à avoir été domestiquée par l'homme[1] , les plus anciens restes confirmés de chien domestique étant vieux de 31700 ans[2] soit plusieurs dizaines de milliers d'années avant toute autre espèce domestique connue. Depuis la Préhistoire, le chien a accompagné l'homme durant toute sa phase de sédentarisation qui a conduit à l'apparition des premières civilisations. Autrefois regroupé dans une espèce à part entière, *Canis canis* ou encore *Canis familiaris*, la recherche génétique a confirmé son origine, qui bien que probablement diverse[3] ,[4] , découle principalement de la domestication du loup gris commun. Malgré des différences morphologiques majeures, les scientifiques regroupent ainsi l'ensemble des races de chiens au sein d'un groupe nommé *Canis lupus familiaris*, une sous-espèce de *Canis lupus*. Des chiens domestiqués, puis redevenus sauvages sont en revanche considérés comme autant de sous-espèces de *Canis lupus*, c'est le cas des dingos et du chien chanteur.

Il existe une forte hétérogénéité au sein de la sous-espèce qui a été standardisée sous la forme des races de chiens. Certaines ont une origine ancienne comme le Husky sibérien ou le Berger de Brie tandis que d'autres comme le Berger allemand ou le Golden Retriever sont de création plus récente. Dans les pays où les critères de la Fédération cynologique internationale ont une reconnaissance législative, l'appellation *pure race* est obligatoirement conditionnée à l'enregistrement du chien dans les livres des origines de son pays de naissance[5] ,[6] . Dans de nombreux pays, le chien entre dans le cadre de la législation sur les carnivores domestiques à l'instar du chat et du furet. Pour circuler en Europe, ils doivent être munis d'un passeport européen pour animal de compagnie.

On appelle également « chien » plusieurs autres espèces de canidés des genres *Atelocynus* et *Speothos*, voire de rongeurs du genre *Cynomys* (chien de prairie).

Dénomination

Le terme chien dérive du terme latin *canis* dans le même sens[7] . La femelle du chien s'appelle la **chienne** et un jeune chien est appelé un **chiot**. Le chien *glapit*, *jappe*, *grogne* ou *aboie*.

Chien de race Samoyède

La désignation des chiens suit généralement la standardisation suivante:

- *Chien de race...* : se dit d'un chien qui a subi une standardisation sous forme de race afin d'isoler des caractéristiques physiques ou comportementales désirées. Il est reconnu comme tel par les autorités en charge de cette standardisation. Ainsi, pour un Chien-loup tchécoslovaque reconnu (en général par son inscription au livre des origines correspondant) on utilisera l'appellation « *chien de race Chien-loup tchécoslovaque* ».

- *Chien de type...* : se dit d'un chien qui a subi une standardisation sous forme de race et qui n'est pas reconnu comme tel (en général non inscrit au livre des origines correspondant). Ainsi, pour un Dogue Argentin non reconnu on utilisera l'appellation « *chien de type Dogue Argentin* ».

- *Croisé* : se dit d'un chien issu de chiens standardisés (race ou type) et identifiables. Ce croisement peut être volontaire, il permet alors de combiner les caractéristiques spécifiques de deux races. Pour un croisement entre un berger allemand et un malinois on utilisera généralement l'appellation « *Berger allemand croisé malinois* » souvent écrit « *Berger allemand X malinois* ». Dans certains cas on utilise également la contraction des deux noms des races qui le composent. On peut citer par exemple le « *Labraniche* », croisement d'un labrador et d'un caniche ou encore, le « *Greyster* », croisement entre un lévrier greyhound et un braque allemand. Il existe également des cas particuliers, ainsi pour les croisements entre des chiens de race Husky sibérien avec des lévriers ou autres chiens de chasse on utilisera l'appellation « *Alaskan Husky* » et pour les croisements entre molosses de type American Staffordshire Terrier et Mastiff on utilisera l'appellation « *Pitbull* ». Le croisement peut être un préalable à la définition d'une nouvelle race.

Le *Labraniche*, *Labrador Retriever croisé Caniche*, est une solution pour les aveugles allergiques

- **Bâtard** : se dit d'un chien issu de multiples croisements, souvent involontaires, entre des chiens de plusieurs races ou types différents. Le *bâtard* diffère du *croisé* par le caractère inconnu et indéfinissable des races ou types de chiens qui le composent. Sa dénomination sous forme de standard ou combinaison de standards est alors impossible. Il sera simplement désigné comme un « *bâtard* ».
- **Corniaud** : Le mot « *corniaud* » signifie « *du coin* ». Il s'utilise à l'origine pour un chien qui n'a jamais subi de standardisation sous forme de race mais qui subit des contraintes locales qui lui confèrent des caractéristiques particulières. Il s'agit généralement d'un type local de chien qui n'est pas encore reconnu et dont le standard n'est pas défini précisément. Parfois le corniaud vient à être standardisé. C'est le cas du Chien de Canaan ou encore du Basenji, *corniauds* à l'origine, ils sont désormais reconnus comme des races de chiens. À l'inverse, le Laobé et l'Africanis sont toujours des *corniauds*. Dans les pays occidentaux, le taux de standardisation des chiens locaux sous forme de races reconnues (Berger de Beauce, Berger picard, Berger des Abruzzes, Bouvier des Flandres, etc...) est très élevé, les véritables *corniauds* sont donc devenus très rares. Ainsi, dans le langage courant le mot *corniaud* y est souvent pris abusivement pour synonyme de *bâtard*.

Ce mot « chien » est employé dans diverses expressions telles que : avoir du chien : avoir une certaine distinction et du charme ; entre chien et loup : au crépuscule ; garder un chien de sa chienne : expression familière signifiant se promettre une vengeance future ; les chiens écrasés : rubrique de faits divers insignifiants dans un journal ; malade comme un chien : être très malade et souffrant ; se donner un mal de chien : se donner beaucoup de mal à travailler sur quelque chose ; temps de chien : temps météorologique désagréable (la pluie, par exemple) ; vie de chien : vie difficile et compliquée ; chien de mer : petit requin[8] .

Ou encore, il sert dans des mots composés tels que : chasse-chien, chien-assis, chien-chien, chien-dauphin, chien-loup, dent-de-chien, langue-de-chien, maître-chien, poisson-chien, tue-chien[8] .

Histoire

D'un point de vue génétique, selon une analyse comparative d'échantillons d'ADN mitochondrial, les lignées du chien et du loup se seraient séparées il y a environ 100000 ans[9] . Toutefois, cette divergence pourrait correspondre à celle d'une population de loups d'où plus tard serait sorti la lignée des chiens. L'analyse d'ADN mitochondrial ne peut donc pas prouver que des chiens existaient déjà il y a 100000 ans. Par ailleurs, les plus anciens restes fossiles connus de chien domestique ont été trouvés dans les grottes de Goyet en Belgique et datent de 31700 ans[2] . L'origine de cette domestication est donc clairement préhistorique. Plus précisément, elle est l'œuvre de groupes de chasseurs du Paléolithique supérieur. En comparaison, le cheval sera domestiqué par des groupes nomades entre 4000 et 3000 avant J.-C..

Un chien au début du XVIe siècle.

Le chien aurait été simplement apprivoisé parmi d'autres animaux, tels les chacals ou les rongeurs. Mais c'est le seul maintenu en dépendance, car il aurait montré le plus d'aptitudes à une socialisation primitive. Le chien a pour ancêtre le loup. Des expériences, en cours depuis une cinquantaine d'années avec des croisements sélectifs de renards semblent donner des résultats similaires à ceux observés chez le chien (comportement particulièrement social, pédomorphisme, tempérament enfantin, etc.).

Le chien primitif serait un chien de chasse qui aidait l'homme.

- Dans l'Antiquité, les chiens servaient aux combats (par exemple Irish wolfhound), à la production de viande et étaient aussi supports de croyances et de rites de type religieux.
- Plus tard, sous l'Empire romain, ils étaient des animaux de compagnie, des gardiens de troupeaux et utilisés pour la chasse.
- Au Moyen Âge, dans les campagnes et les milieux populaires, les chiens suscitaient des peurs collectives et faisaient l'objet d'exterminations quotidiennes. Pour la noblesse, en revanche, ce fut l'âge d'or de la vénerie.
- À la Renaissance, la passion des hommes pour la chasse parvint à conserver une place aux chiens dans la société. La noblesse considérait le chien comme un signe de puissance et de grandeur. Ceci permit le développement de races de chiens de compagnie.
- Au XIXe siècle, la population de chiens connaît une expansion numérique. Il est devenu un animal commun.
- Vers 1855, les anciennes races de chiens sont reconnues officiellement et leur type est homogénéisé (fixé) tandis que de nouvelles races créées par l'homme apparaissent. C'est l'apparition de la *cynophilie*.
- À la Belle Époque, puis entre les deux guerres, les artistes, les écrivains, et les politiciens choisissent des animaux qui les différencient du commun tel que les teckels par leurs petites tailles ou encore les caniches pour leurs poils.
- le 3 novembre 1957, *Laïka* (du russe : Лайка, « petit aboyeur »)[10] , une chienne du programme spatial soviétique devient le premier être vivant mis en orbite autour de la Terre. Elle a été lancée par l'URSS à bord de l'engin spatial Spoutnik 2, un mois après le lancement du premier satellite artificiel Spoutnik 1.

Systématique

On a donné aux chiens le nom scientifique de *Canis familiaris* au XVIIIe siècle, avant le développement de la biologie évolutive, qui a permis de mettre en évidence l'étroite relation entre races domestiques et sauvages. À ce titre, le statut scientifique des « espèces » domestiques a été remis en cause, et beaucoup de biologistes ne les considèrent plus désormais que comme des formes domestiquées des espèces sauvages originelles.

Une espèce est en effet constituée de « groupes de populations naturelles, effectivement ou potentiellement interféconds, qui sont génétiquement isolées d'autres groupes similaires[11] ». Or, les « espèces » domestiques se croisent avec leur espèce parente quand elles en ont l'occasion. « Vu que, du moins en ce qui concerne les races d'animaux domestiques primitives, celles-ci constitueraient, en règle générale, une entité de reproduction avec leur espèce ancestrale, si elles en avaient la possibilité, la classification d'animaux domestiques en tant qu'espèces propres n'est pas acceptable. C'est pourquoi on a essayé de les définir comme sous-espèces[12] ».

On donne alors à la nouvelle sous-espèce le nom de l'espèce d'origine, complété par le nom de sous-espèce qui reprend la seconde partie de l'ancien nom d'espèce.

Certains biologistes sont même réticents à utiliser la notion de sous-espèces pour un groupe domestiqué. D'un point de vue évolutif, l'idée d'espèce ou de sous-espèce est en effet liée à l'idée de sélection naturelle, et non de sélection artificielle. Du fait de cette réticence, et « depuis 1960 environ, on utilise de plus en plus la désignation « forma », abrégée « f. », qui exprime clairement qu'il s'agit d'une forme d'animal domestique qui peut éventuellement remonter jusqu'à diverses sous-espèces sauvages :

- Chien domestique - *Canis lupus f. familiaris*
- Bovin domestique - *Bos primigenius f. taurus*
- Chèvre domestique - *Capra aegagrus f. hircus*[12] »

Caractéristiques physiques

Le squelette du chien compte environ trois cents os (soit environ quatre-vingts de plus qu'un squelette humain adulte), le nombre étant variable d'une race à l'autre.

Malgré sa domestication et la dépendance à l'homme qui en découle, le chien a gardé sa musculature athlétique qui en fait un animal sportif et actif. Il possède un thorax large et descendu, et des pattes qui ne reposent au sol que par leur troisième phalange. Le chien est donc un digitigrade. Les membres antérieurs comportent cinq doigts, dont l'un, le pouce, nommé ergot, est atrophié et ne touche pas le sol. Les postérieurs en comptent généralement quatre, l'ergot n'existant que chez certaines races mais pouvant être double chez quelques bergers (beauceron, briard). Les doigts se terminent par des griffes et sont soutenus par des coussinets plantaires.

Taille et la masse sont très variables d'une race à l'autre : chihuahuas et dogues allemands

La tête du chien comporte une mâchoire puissante. La morsure d'un rottweiler a été mesurée à 149 kg/cm^2, celle d'un berger allemand a une pression de 108 kg/cm^2, et celle d'un pitbull 106 kg/cm^{2}[13] . La denture définitive, constituée de quarante-deux dents, est en place vers 6 mois.

Chez le chien, la taille et la masse sont très variables d'une race à l'autre : dans les extrêmes, la masse du chihuahua peut être de 900 g et celui du mastiff peut atteindre 140 kg.

L'espérance de vie de cet animal est en moyenne de onze ans, mais peut aller de huit à vingt et un ans.

Son sens de l'orientation est beaucoup plus précis que celui de l'homme. De même, son sens de l'équilibre serait légèrement plus aiguisé.

La température corporelle normale du chien va de 38,5 à 38.7 °C. Sa respiration normale va de seize à dix-huit mouvements à la minute (le jeune 18 à 20, le vieux 14 à 16). Son pouls va de quatre-vingt-dix à cent pulsations à la minute (le jeune cent dix à cent vingt, le vieux soixante à quatre-vingt). Il se prend à la face interne de la cuisse[14].

Sens

Le cerveau des chiens est d'assez petite taille, puisqu'il ne pèse, en moyenne, que les deux tiers de celui du loup. En revanche, il possède des sens très développés.

Chien regardant son reflet dans une glace

- Le sens de l'odorat, en moyenne 35 fois plus développé chez le chien que chez l'Homme, varie toutefois beaucoup en fonction de la race. Sa membrane olfactive mesure 130 cm^2 (contre 3 cm^2 chez l'homme). À noter que ce sens est discriminant (le chien est capable de déceler et de suivre une odeur précise parmi une multitude d'autres odeurs, même si celle-ci est en proportion infime), capacité largement utilisée par l'Homme pour les recherches de drogues, explosifs, personnes disparues, chasse, etc.
- L'ouïe est aussi un sens très précis : le chien est capable d'entendre des sons inaudibles pour l'homme (ultrasons). De plus, les oreilles du chien peuvent s'orienter vers une source sonore en pivotant grâce à de nombreux muscles, ce qui leur permet une grande précision dans la localisation sonore.
- La vision du chien est meilleure la nuit, car, même s'il distingue mal les couleurs (son spectre visuel va seulement du jaune au bleu) et les détails, il possède une surface réfléchissante derrière la rétine (le "tapetum lucidum"), qui renvoie la lumière et donne un effet d'yeux brillants dans l'obscurité. Le champ de vision du chien est d'environ 250 degrés.
- Le toucher est en revanche peu perfectionné chez le chien. Ce dernier fera la différence entre une caresse et une correction, la chaleur et le froid, mais de façon limitée.
- De même, le goût est peu développé puisque son rôle, relativement limité, est compensé par un odorat fin.

Races et morphologies

L'étude des chiens et des races de chiens est appelée cynologie.

La Fédération cynologique internationale reconnaît 335 races. C'est elle qui définit les « standards », c'est-à-dire l'ensemble des caractéristiques définissant une race. On distingue plusieurs catégories de chiens, selon leur morphologie générale :

Diverses races de chien : 1-Berger allemand, 2-Colley, 3-Spitz, 4-Dobermann, 5-Airedale Terrier, 6-Irish Terrier (en), 7-Caniche, 8 et 9-Pinscher allemand, 10-Loulou de Poméranie, 11-Bichon maltais

- Les molossoïdes sont des chiens au museau plus ou moins court et à la tête plutôt ronde ; molosses et chiens de type montagne. Certains proviennent des montagnes d'Asie.
- Les lupoïdes ont une tête « pyramidale » et des oreilles droites en général ; chiens de berger, terriers, chiens de type spitz et primitif. Ils proviennent du nord de l'Europe.
- Les braccoïdes possèdent un museau long carré et des oreilles tombantes ; chiens de chasse sauf terriers, lévriers et primitifs. Ils proviennent du nord de l'Europe également.
- Les vulpoïdes ont une épaisse fourrure, les oreilles pointues et la queue enroulée et dirigée vers le dos du chien ; le husky sibérien, le spitz allemand et le samoyède sont des vulpoïdes. Il proviennent des pays nordiques.
- Les bassetoïdes sont de petite taille et bas; le basset hound est le bassetoïde le plus connus. Ils proviennent de la France.

- Les graïoïdes ont une longue tête dolichocéphale, un corps fin et une poitrine descendue. Ils proviennent du Proche-Orient.

Ces catégories sont elles-mêmes divisées en dix groupes basés sur la morphologie et l'utilisation des chiens.

Albinisme chez le chien

Parfois, il leur arrive que certains chiens naissent d'une façon albinique, c'est-à-dire avec une fourrure entièrement blanche et des yeux en principe clairs, ou vert, bleu, blanc, mais aussi rouge (rare pour le chien albinos).

Soins

Alimentation

Comme pour tout animal domestique, il faut veiller à mettre de l'eau à disposition, jour et nuit, et en quantité suffisante. Idéalement, pendant les repas, il faudrait empêcher l'accès à l'eau car son ingestion avec la nourriture rend cette dernière plus difficile. On pourra la rendre accessible environ un quart d'heure après la fin du repas.

Dans la nature, le chien sauvage est avant tout un charognard[15] . Le chien domestique est un carnivore à tendance omnivore[16] ; cependant il est parfois considéré comme étant réellement omnivore, du fait de son comportement opportuniste. La moitié de son alimentation devrait être constituée de viandes[17] . Les aliments du commerce font l'objet de contrôles et sont adaptés aux différents stades de vie de l'animal

Vidéo au ralenti d'un berger blanc suisse lapant.

(chiot, adulte, senior). Toutefois, il est possible de composer soi-même un repas équilibré et adapté aux besoins d'un animal. Pour cela, il est judicieux de demander conseil à un vétérinaire[18] .

Certaines céréales et légumes sont pratiques car ils contiennent des fibres qui permettent, en quantité appropriée, une bonne digestion. Le tube digestif du chien est par contre mal adapté aux légumes fermentescibles comme les haricots blancs, les haricots rouges, les lentilles et les oignons. Même si le chien peut se permettre de manger plusieurs catégories d'aliments (viandes, poissons, légumes…), certains se révèlent être de véritables dangers pour lui.

Les propriétaires sont souvent tentés de donner des os à leur chien, mais il faut savoir qu'il y a un risque (faible) qu'ils se fractionnent en petits morceaux pointus et causent des lésions lors de l'ingestion (ex: perforation ou lacération de l'œsophage, de l'estomac ou de l'intestin). Mais le plus souvent, les os forment une espèce de sable aggloméré dans la lumière de l'intestin provoquant une constipation sévère accompagnée de douleurs abdominales intenses (coliques). Certains chiens, habitués à en manger, gèrent très bien leur consommation d'os, d'autres non. Certains os (poulet, lapin, côtelette) sont plus dangereux que d'autre. Les os mal nettoyés (avec beaucoup de tendons et ligaments) provoquent des indigestions. Enfin, il faut reconnaître que les os occupent positivement un chien (il vaut mieux qu'il ronge un os que les pieds de table) et que le travail de mastication est positif pour l'hygiène buccale. C'est pareil pour les bouts de bois que le chien à tendance à ronger[19] .

Des friandises peuvent être offertes avec parcimonie en récompense à cet animal plutôt gourmand. Nous ne sommes plus ici à proprement parler dans le cadre strict de l'alimentation: une récompense devrait n'être réservée que dans un contexte d'apprentissage (Application d'un stimulus dans le cadre d'un apprentissage animal), dans le cas contraire cela peut être source de dérive comportementale (obésité, vol et troubles hiérarchiques).

Le chocolat contient de la théobromine, substance mal tolérée par les chiens : des doses faibles (deux grammes suffisent pour les plus petits), peuvent leur être mortelles[20] .

Pour un chiot, les repas devront être donnés quatre fois par jour, car comme pour un bébé, leur estomac est plus petit et la digestion se fait plus vite. À six mois, on pourra descendre les repas à trois, et adulte, un à deux repas seront suffisants.

Reproduction

La chienne, qui n'accepte le mâle que pendant sa période d'ovulation, est en chaleur deux fois par an. Toutefois, ce rythme n'est qu'une moyenne, les chaleurs pouvant se produire, selon les races, avec cinq à neuf mois d'intervalle. Chez les races les plus primitives et chiens-loups, la femelle n'est en chaleurs qu'une fois par an, comme la louve.

La gestation dure entre cinquante-neuf et soixante-trois jours. L'alimentation sera modifiée le deuxième mois, idéalement sur les conseils d'un spécialiste.

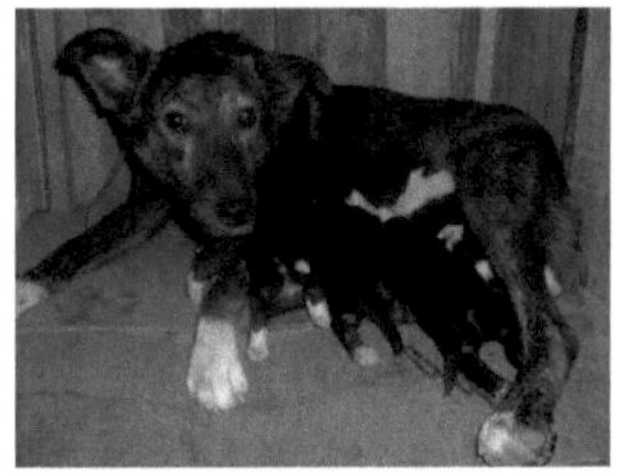

Chienne avec chiots

Quelques jours avant la mise bas, qui dure en moyenne 10 heures, la femelle prépare un endroit et s'agite. Le vétérinaire peut éventuellement être prévenu, afin d'être disponible en cas de complications. Lors de la mise bas, la chienne s'occupe des chiots au fur et à mesure de leur arrivée, coupant le cordon ombilical et mangeant le placenta : ceci est nécessaire à la lactation.

Les portées peuvent être nombreuses (suivant la race), allant de 2 à 12 chiots. Le propriétaire est responsable de chacun des chiots nés : il a le devoir de s'en occuper ou de leur trouver un foyer. Dans les faits, à travers le monde, y compris dans les pays dits industrialisés, beaucoup de chiots sont euthanasiés ou simplement tués s'il ne leur a pas été trouvé de raison d'être, de fonction à leur existence. Il est souvent difficile de placer chacun des nouveau-nés, c'est pourquoi certaines sociétés recommandent la stérilisation chirurgicale.

Usages lors de la cession d'un chiot dans le milieu de l'élevage en France

Pour ce qui concerne la descendance de l'étalon, le possesseur de l'étalon n'a pas le droit, vis-à-vis du propriétaire de la lice, à des dédommagements autres que ceux prévus pour la saillie. Il n'a aucun droit de se faire remettre un chiot sauf si le propriétaire de l'étalon désire en garder un pour son propre élevage, sous condition de ne pas le vendre.

Lorsque les parties se sont mises d'accord pour la remise d'un chiot en tant qu'indemnité pour la saillie, cet accord doit être formulé par écrit et avant la saillie. Dans un tel accord, les points suivants doivent être formulés et respectés :

- Le moment du choix du chiot par le propriétaire de l'étalon (le premier choix lui appartenant).
- Le moment de la remise du chiot au possesseur de l'étalon.
- Le moment à partir duquel le droit au choix par le possesseur de l'étalon est irrévocablement passé.
- Le règlement des frais de transport.
- Les accords spéciaux pour le cas où la lice ne met bas que des chiots mort-nés ou qu'un seul chiot vivant ou pour le cas où le chiot choisi viendrait à décéder avant la remise.

Maladies et vaccinations

Dans certains pays, les chiens de compagnie, de travail, de chasse sont référencés, afin d'assurer leur santé et leur protection. Vermifugations et vaccinations font partie du suivi médical de base des animaux, qui doivent posséder papiers et carnet de santé mis à jour lors des visites par le vétérinaire. Ces formalités, importantes pour la santé du chien, le sont aussi lorsqu'il s'agit de le faire voyager. Les obligations varient d'un pays à l'autre, mais la rage reste en général une maladie grave pour laquelle le vaccin est requis.

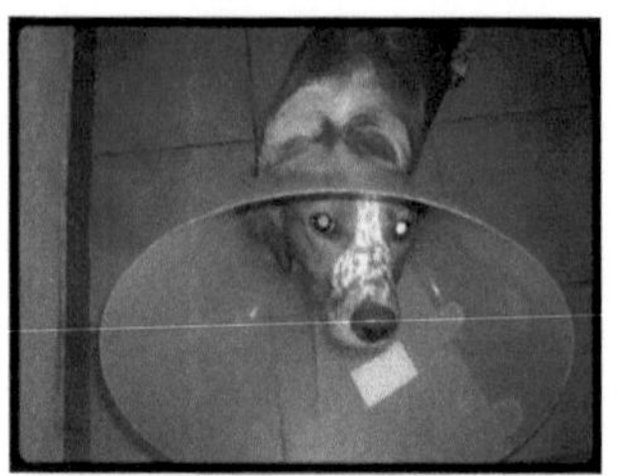
Chien avec une collerette l'empêchant de toucher ses plaies

Les vermifuges délivrés par les vétérinaires visent à éliminer les parasites internes (vers intestinaux) dont les chiens pourraient être porteurs et victimes.

Dipylidium caninum est un ténia de taille moyenne, parasite habituel du chien, qui détermine un tæniasis : la dipylidiose.

Les parasites internes sont peu spécifiques, comme les parasites intestinaux que ce soient les ténias ou ascaris, les coccidies, les trichuris, ou d'autres causes de maladies comme la gale auriculaire, la démodécie, la toxoplasmose, la dirofilariose, les ankylostomes, la douve du foie, la Giardiose. La giardose du chien est fréquente en France, touchant les animaux de tout âge, avec une prévalence plus élevée chez les jeunes qui sont plus sensibles à la contamination fécale et sont immatures au plan immunologique.

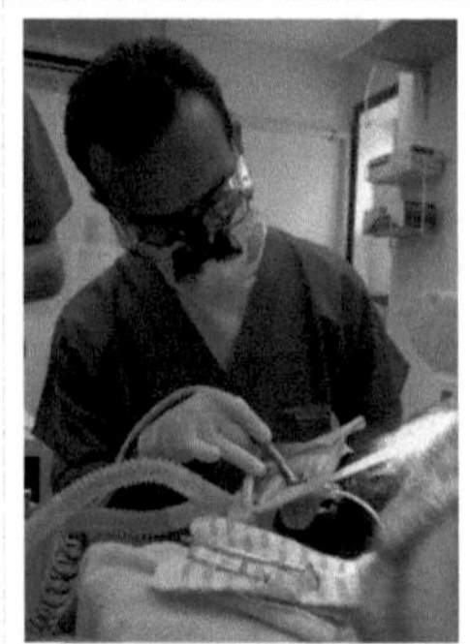
Dentiste pour chien (U.S.Navy)

Un chien en bonne santé possède une truffe humide. La propreté corporelle (arrière-train, pattes, pelage, etc.), assurée par le chien, en est également le signe. L'haleine ne doit pas être nauséabonde (caries éventuelles). La température normale du chien oscille entre 38 et 39 °C, en fonction de la race et de l'activité. Son rythme cardiaque est d'environ 90 à 120 pulsations par minute, pour environ 20 mouvements respiratoires dans ce temps.

Si la température du chien s'élève à plus de 39 °C, c'est que le chien est certainement malade. Pour prendre sa température on peut utiliser un thermomètre légèrement lubrifié. Le chien malade ne pouvant pas clairement s'exprimer, c'est au propriétaire du chien de prêter attention aux éventuels symptômes, manifestations et comportements inhabituels. Pour savoir si l'animal est malade, il ne faut pas hésiter à observer son comportement, par exemple, s'il ne mange plus, ou ne souhaite pas sortir se promener, ou bien encore jouer à son jeu favori s'il est de nature joueuse. Il faut penser à observer aussi ses selles, s'il a la diarrhée, des vomissements, du mal à se déplacer ou bien encore gémit, il ne faut pas hésiter à aller voir un vétérinaire.

Les principales maladies infectieuses chez le chien sont la maladie de Carré, la maladie de Rubarth, la leptospirose, et la parvovirose. Ces maladies peuvent faire l'objet de vaccinations, et nécessitent une prise en charge par un vétérinaire. Le chien peut aussi souffrir d'affections telles que des problèmes digestifs, cardiaques ou urinaires.

Parasites

Le brossage, en particulier pour les chiens à poil long, permet d'éliminer les poils morts. Il permet aussi de repérer la présence éventuelle de parasites externes, tels que les tiques ou les puces. La puce la plus fréquente chez le chien est en fait la puce du chat *Ctenocephalides felis*. Ces parasites, responsables de démangeaisons intempestives, peuvent entraîner allergies, chutes de poils, et irritations de la peau du chien. Ils doivent donc être éliminés selon les conseils d'un vétérinaire ou de son expérience propre.

Quand le chien a des puces il faut les détruire sur le chien mais aussi à l'endroit où il dort, car elles peuvent aussi aller se loger dans les fissures du sol près de son logement. Un nettoyage à fond sera donc nécessaire.

Les tiques sont plus faciles à éliminer. Elles peuvent être enlevées avec une pince à épiler mais il faut avoir un certain tour de main. Cependant, si une tique est mal retirée, sa « trompe » peut rester coincée dans la peau du chien et entraîner inflammation et infection. Il existe cependant de petits appareils spécialement conçus pour retirer les tiques en toute sécurité.

En cas de nécessité, un shampooing adapté peut être utilisé pour laver l'animal.

En revanche il ne faut laver le chien que très rarement voir jamais car des bains fréquents peuvent irriter la peau de l'animal et lui provoquer de l'eczéma. Les yeux et les oreilles peuvent aussi être nettoyés mais avec grande précaution. Pour les pattes, vérifier régulièrement ou en cas de boiterie, afin d'éviter qu'un corps étranger (épine, clou...) ne cause des lésions entre les coussinets. Idéalement, vermifuger les chiens, car ceux-ci peuvent avoir des vers intestinaux. La prise de comprimés ou autres formes, permet d'éviter et de supprimer ces vers. Si le chien côtoie des populations de tiques, de puces et autres, on peut lui appliquer le traitement adéquat. Les traitements peuvent être prescrits par un vétérinaire.

Activités, jeux, travail, sorties

Les chiens, en particulier les plus grands, les plus musclés (Terre-Neuve, Boxer, etc.) et les plus vifs (Berger des Pyrénées, terriers, etc.) ont besoin d'espace et d'activité musculaire: jeu, travail, etc.

À défaut d'un jardin où l'animal pourrait rester autant de temps qu'il le souhaite, celui-ci à besoin de « sortir » au moins quatre fois par jour (une fois toutes les six heures environ) pendant une vingtaine de minutes environ, pour se « dépenser », mais aussi et surtout pour éviter les infections urinaires, dues généralement à une trop longue stagnation de l'urine dans la vessie. Si l'animal ne peut être détaché parce qu'il s'enfuit, une longue laisse est adaptée.

Promeneur de chien à Paris

Cette moyenne de quatre sorties par jour augmentera en cas de risque aggravé d'infection urinaire. C'est le cas notamment pour certaines races de chiens, comme les bergers allemands (susceptibles de nombreux problèmes rénaux) ou lorsque le chien a accès à des aliments non recommandés (voir alimentation).

Si l'animal a accès à un jardin ou tout autre espace, une sortie quotidienne d'une durée d'environ une heure (plus ou moins selon le chien, sa race, son âge, etc.) est idéale.

Le meilleur compagnon du chien reste, à défaut de l'Homme, un autre chien. Cependant, les réactions des chiens entre eux sont imprévisibles et nécessitent un temps d'observation de la part des propriétaires en cas de rassemblement. Le chien est un animal social et de contact. La solitude est une souffrance pour lui. Il a aussi toujours besoin de rencontres avec ses congénères. Il est fréquemment en recherche de partenaires que ce soit pour le jeu, le toilettage mutuel, et la reproduction.

Le marquage du territoire est un acte d'une grande importance. Le chien a besoin de flairer ses propres traces, celles de ces congénères et d'en déposer de nouvelles. Le jeu ou le travail sont primordiaux pour l'équilibre psychologique même chez le chien adulte, car il permet d'évacuer des tensions accumulées.

Éducation

L'apprentissage peut être très long et peut demander des années dans certains cas spécifiques : chien d'aveugle, d'assistance, policier, de troupeau etc. L'éducation fait aussi partie de la santé de l'animal domestique : l'autorité du propriétaire doit être établie dès que possible et la socialisation permet d'intégrer le chien au sein d'une famille avec enfants et/ou autres animaux domestiques.

Comme pour tout apprentissage, il n'y a pas méthode unique efficace dans toutes les situations, mais une large palette de moyens d'apprentissage : à chaque maître de trouver celle qui fera le mieux comprendre au chien ce qu'on attend de lui.

Dressage d'un Berger de Beauce

De plus, bien que certaines races de chiens soient plus calmes que d'autres, le comportement d'un chien dépend toujours de l'éducation et de l'attention qu'il aura reçues. Cependant, un chien gardera sa part d'instinct et de prédateur.

Dans certains pays, comme tout animal domestique, les chiens ont droit à la santé et à la protection ce qui implique que les propriétaires aient des devoirs et responsabilités envers eux et vis-à-vis de la sécurité d'autrui. En France, les mauvais traitements envers les animaux sont pénalisés, ainsi que leur trafic, par des peines d'amendes. Un décret[21] impose depuis 2008 une évaluation comportementale des chiens. En Suisse, les propriétaires de chiens doivent suivre une formation.

Rôle et place du chien dans la société

Leur rôle le plus général semble bien d'être avec l'homme. L'homme aime bien avoir des chiens près de lui. Ceci est probablement dû à la fois à la psychologie humaine et à la psychologie canine. Également, le besoin des aptitudes naturelles des chiens dans des activités nourricière, de garde, de chasse, de recherche sont incontournables.

Statistiques de population canine

Nombre de chiens par pays[réf. nécessaire].

- Afrique du Sud : 9,1 millions (**1 pour 5 habitants**)
- Allemagne : 5,1 millions (1 pour 16 habitants)
- Australie : 4 millions (**1 pour 5 habitants**)
- Brésil : **34 millions** (1 pour 6 habitants) en 2010[22]
- États-Unis : **61 millions** (**1 pour 5 habitants**)
- France : 7,8 millions de chiens (1 pour 8 habitants) en 2008[23] .
- Inde : 440000 (1 pour 2609 habitants)
- Indonésie : 1,3 million (1 pour 20 habitants)
- Italie : 7 millions (1 pour 9 habitants)
- Japon : 9,6 millions (1 pour 13 habitants)
- Malaisie : 1,5 million (1 pour 17 habitants)
- Nouvelle-Zélande : 440000 (1 pour 9 habitants)
- Pologne : 7,5 millions (**1 pour 5 habitants**)
- République populaire de Chine : **22 millions** (1 pour 62 habitants)
- Royaume-Uni : 6 millions (1 pour 10 habitants)
- Russie : 9,6 millions (1 pour 15 habitants)
- Thaïlande : 6,9 millions (1 pour 9 habitants)

Auxquels il faut ajouter les chiens errants ou chiens parias, redevenus plus ou moins sauvages par maronnage.

Chiens d'utilité plus spécifique

En dehors du cadre familial, où il aime à se dépenser, partager les jeux et les joies tout en protégeant son foyer en montant la garde, on trouve le chien dans diverses activités aux côtés de l'homme.

Les chiens sont utilisés à de nombreuses tâches, qui font appel à différentes qualités, selon les besoins :

Chiot de race Gos d'Atura, chiens de berger ou de garde

- Depuis longtemps, les chiens de bergers sont les auxiliaires des gardiens de troupeaux (bergers) là ou ils se trouvent.
- Au XIXe siècle, des chiens, appelés *chiens de charrette*, étaient utilisés, notamment en France, en Belgique et aux Pays-Bas, pour tracter la petite charrette des livreurs de lait ; cette pratique est aujourd'hui interdite.
- Les chiens de races reconnues pour leur résistance et leur endurance peuvent être utilisés comme *chien d'attelage*, de *sauvetage* et d'*assistance*.
- Ceux dont les capacités, d'attention, d'obéissance et de flair sont appréciées, aident les chasseurs (*chien de chasse*), les chiens chercheurs de truffes auxiliaires des caveurs (*chien truffier*), ou encore les forces de police dans la lutte anti-drogue (*chien de détection*) et la recherche de personnes (*chiens pisteurs*, comme les bergers allemands).
- Le *chien de garde* doit être à la fois agressif et obéissant.
- Certains chiens sont dressés afin d'aider les personnes handicapées, et notamment les personnes non voyantes (*chien guide d'aveugle, comme les labradors*).
- Ceux enfin suffisamment curieux, joueurs, complices avec leur maître, peuvent être chien de cirque, chien acteur de cinéma, chien de sport ou de loisirs.
- On utilise aussi les chiens en temps de guerre, l'exemple le plus connu étant celui des *chiens anti-char*.
- Aujourd'hui, l'armée française emploie un certain nombre de chiens militaires. Ils sont des aides très efficaces pour la recherche d'explosifs (des opérations ont été menées pour la recherche de mines anti-personnelles, de stupéfiants, pour la détection d'intrus dans les locaux de la défense). Du personnel hautement qualifié forme chaque année des équipes cynégétiques. Le maître-chien militaire doit instaurer avec son partenaire canin une complicité résistant à toute épreuve dans les pires situations. Il doit maîtriser l'ensemble des techniques permettant de transporter le chien en montagne, comme sur mer (faire du rappel avec son chien, mais également faire des sauts en parachute avec son chien, etc.). Le Berger Belge Malinois est un chien très apprécié pour son tempérament rusé, sa vivacité et sa perspicacité.
- Les chiens, principalement des beagles, sont également utilisés pour la recherche scientifique. En France, cet usage est réglementé par le décret de 1987[24] : la fourniture de chiens pour les laboratoires est légale, comme l'expérimentation animale, pourtant de nombreuses associations s'insurgent contre ces pratiques. Au Canada, les conditions d'expérimentation sont notamment définies par le Conseil canadien de protection des animaux[25].
- La zoothérapie fait parfois appel à des chiens pour aider à résoudre des problèmes comportementaux chez l'enfant[26].

Alimentation humaine

Cette section **ne cite pas suffisamment ses sources**. Merci d'ajouter en note des références vérifiables ou le modèle {{Référence souhaitée}}.

Dans certaines civilisations, on mange de la viande de chien. Le chow-chow et les chiens nus américains (chien nu mexicain et chien nu du Pérou), en particulier, sont des races sélectionnées spécifiquement comme source de viande.

Aussi, certains pays comme la Chine sont le théâtre d'un trafic de chiens, détenus et utilisés dans des circonstances qualifiées d'inhumaines par les associations de défense des animaux, qui s'insurgent contre leurs pratiques.

Le chien est utilisé dans l'alimentation humaine, ou a été utilisé, sur pratiquement toute la planète, sauf pour les musulmans. Il est cependant culturellement mal vu de consommer du chien en Europe et aux États-Unis ainsi qu'au Canada depuis quelques décennies. Certains États des États-Unis en interdisent explicitement sa consommation.

Services pour les chiens

La société s'adapte à la présence des chiens au sein des familles et de villes. Ainsi, de nombreuses structures spécialisées ont vu le jour afin de répondre aux besoins des compagnons et de leurs maîtres.

- *Dressage* et *éducation* : Des centres d'éducation permettent aux propriétaires d'obtenir des conseils auprès de spécialistes. Ces centres proposent en général des « cours » dans lesquels les chiens apprennent les ordres de base.
- *Soins* : Les cabinets vétérinaires permettent un suivi médical des animaux. De plus, comme il existe des médecins de garde, il existe des vétérinaires de garde pour faire face aux urgences.
- *Toilettage* : En plus des boutiques spécialisées dans le soin pour les « concours de beauté canins », certaines animaleries offrent un service de lavage et mise en beauté des animaux de compagnie.
- *Massage* : adaptation des techniques bénéficiant aux humains.
- *Transport* : Les réseaux ferroviaires et aériens proposent aussi des solutions pour que les animaux puissent suivre leurs maîtres lors de voyages ou déménagements.
- *Garderie* : Outre les établissements spécialisés, le « *dog-sitting* », qui consiste en un placement en « famille d'accueil » pendant les déplacements des propriétaires, permet d'éviter de nombreux abandons à la veille des vacances.
- *Refuges* : Trop souvent surchargés, ils sont les derniers refuges des animaux abandonnés, perdus, victimes de maltraitance, ou simplement dans l'attente d'un nouveau maître.
- Comportementaliste : Le métier de comportementaliste permet d'analyser les interactions homme/animal et ainsi aide les propriétaires à régler les différents problèmes de comportement.

Problèmes liés aux chiens

Problème des déjections canines en ville

Les problèmes liés aux déjections canines peuvent être un défi pour les service de propreté urbaine. Par exemple, la population canine parisienne produit à elle seule 16 tonnes de déjections par jour[27] . Ce problème peut nécessiter des solutions adaptées en termes de propreté urbaine. Des *moto-crottes* ont été créées dans les années 1990 à Paris pour ramasser les déjections canines, en plus d'espaces dédiés. Des campagnes de communication tentent d'avertir les propriétaires des problèmes provoqués par les déjections canines. De nombreuses villes ont mis en place des systèmes de distribution de sacs en plastique pour permettre aux propriétaires de ramasser les déjections de leurs animaux.

Problème des chiens errants

Les chiens errants ou chiens parias, redevenus plus ou moins sauvages par maronnage, sont localement sources de dégâts dans les troupeaux ovins et de morsures d'humains (ex : Gurgaon (Inde) environ 50 morsures dues à des chiens errants sont enregistrées chaque jour[28]), qui peuvent contribuer à disséminer la rage ou d'autres infections. Alors que dans les pays occidentaux les chiens errants sont placés en fourrière et la vaccination est généralisée, de nombreux pays en développement ne disposent pas de moyens de régulation des populations canine.

Chien errant

Normalisation des noms de chiens

Il existe un système de normalisation dans les différents pays du Monde. Il s'agit d'une formalité universelle qui doit être respectée pour le chien de race, pour peu que son maître ait l'intention de l'inscrire à des concours canins officiels.

Nom des chiens en France

En France, une règle impose que tous les chiens descendant de deux parents inscrits au LOF et de ce fait titulaires du « certificat de naissance et d'inscription provisoire au LOF au titre de la descendance » qui naissent une même année portent des noms commençant par la même lettre. Cette règle a été instaurée pour mettre de l'ordre dans le « Livre des origines français » ou LOF, registre d'état civil canin depuis 1885.

Durant longtemps, les propriétaires n'étaient pas contraints de déclarer rapidement leur animal et certains le faisaient même plusieurs années après la naissance. De ce fait, le fichier national était vite devenu un véritable casse-tête lors des consultations puisque les chiens n'étaient pas inscrits dans l'ordre chronologique de la date de leur naissance.

En 1926, la Société centrale canine, chargée de tenir à jour le registre « LOF », met en place un premier système de lettrage pour simplifier la consultation. Tous les chiens nés une même année doivent porter dorénavant un nom dont la première lettre est celle choisie pour l'année en cours : « A » en 1926, « B » en 1927, etc. (le « Z » fut exclu). Cependant de 1948 à 1952, de nombreux propriétaires se sont insurgés contre ce système qui leur imposait les lettres « W », « X » ou « Y », car elles offraient trop peu de possibilités de noms, ce qui eut pour conséquence qu'en 1952 un chien sur quatre portait le nom de « Zorro ».

Finalement, en 1973, la Société centrale canine supprima définitivement les lettres jugées difficiles « K », « Q », « W », « X » ou « Y », réduisant à vingt l'alphabet des noms canins. Cette année-là, on choisit la lettre « J »[29] .

En 2012, la France en est actuellement à la lettre H.

Nom des chiens dans les autres pays francophones

Dans les principaux pays francophones, les chiens nés en 2008 doivent posséder un nom commençant respectivement par les lettres suivantes[30] :

- Belgique : la lettre H[31]
- Québec (Canada) : la lettre U [6]
- Suisse : en ce qui a trait à la Suisse, le nom ne tient pas compte de l'année, mais bien de la portée dans un élevage donné. Les chiens de la première portée se voient attribuer la lettre A, ceux de la seconde portée la lettre B et ainsi de suite.

Législation

Contexte règlementaire

Cette section est vide, insuffisamment détaillée ou incomplète. Votre aide [32] est la bienvenue !

Tout récemment, l'État a profondément modifié l'organisation sous sa tutelle de la tenue des livres généalogiques ou registre zootechniques des races des espèces canines et félines.

Les dispositions de l'article L. 653-3 du Code Rural organisant sous la tutelle de l'État la tenue des livres généalogiques ou registre zootechniques des races des espèces équine, asine, bovine, ovine, caprine et porcine ne **concernent plus les espèces canines et félines**.

La LOI n° 2011-525 du 17 mai 2011 de « simplification et d'amélioration de la qualité du droit », par son article 33 a exclut de ces dispositions ces deux espèces, privant ainsi de fondement les décrets et arrêtés précisant les conditions d'octroi et de retrait d'agrément des organismes de sélection, ainsi que leurs missions.

La situation crée par cette réorganisation peut se résumer par deux conséquences :

- La tenue de livres généalogiques dans les espèces canines et félines ne s'exerce plus dans la situation de **monopole** régalien justifiée jusque là par les prérogatives que se réservait la puissance publique.
- Les activités relatives à la tenue de livres généalogiques dans les espèces canines et félines ont désormais un **caractère privé** et ne constituent plus une délégation de service public à caractère administratif.

Identification et vaccination

Cette section est vide, insuffisamment détaillée ou incomplète. Votre aide [32] est la bienvenue !

En Europe, l'identification des carnivores domestiques par puce sous-cutanée électronique ainsi que la vaccination contre la rage sont obligatoires pour passer les frontières[33] .

En France l'identification et la vaccination contre la rage sont obligatoires pour aller sur certaines îles (dont la Corse) ou pour les importations[34] . L'identification sur le territoire français n'est obligatoire dans les départements déclarés touchés par la rage[35] .

Chiens dangereux et divagation

Cette section **ne cite pas suffisamment ses sources**. Merci d'ajouter en note des références vérifiables ou le modèle {{Référence souhaitée}}.

Au Québec

Au Québec, en matière de morsures et d'agression chez le chien la tendance est la discrimination[36] de certaines races dites puissantes, féroces ou dangereuses (pitbull, berger allemand, husky) parce que leur morsure va causer des dommages physiques et psychologiques chez l'humain. La gueule est plus puissante, le chien plus gros et plus fort, le dommage sera visible. Il est important de préciser que les petites races nerveuses mordent beaucoup plus souvent l'humain et comme ils sont plus petits le dommage est moins grand ou imperceptible donc ne génèrent pas de plainte [37] ou ne laisse pas de cicatrice. La sociabilisation et l'éducation en bas âge est un facteur majeur qui influence le comportement du chien qu'importe sa race [38] . Le chien pourrait représenter un danger pour l'humain s'il a subi un traumatisme (accident d'automobile), s'il est dans une phase post-épileptique (ne reconnait pas encore son maître), s'il est vieux (sénilité)[39] , souffrant (maladies) ou errant.

En France

En France, la loi distingue les races ou types de chiens considérés comme susceptibles d'être dangereux et les autres races de chiens qui doivent respecter des règles moins strictes. Les chiens susceptibles d'être dangereux sont classés par catégorie.

Les chiens susceptibles d'être dangereux de première catégorie (chiens d'attaque) sont les chiens de type « pitbull », « boerbull » ou « assimilable Tosa », soit :

- Type pitbull : chiens assimilables par leurs caractéristiques morphologiques aux chiens de la race Staffordshire Terrier ou American Staffordshire Terrier sans être inscrits au LOF
- Type boerbull : chiens assimilables par leurs caractéristiques morphologiques aux chiens de race Mastiff, sans être inscrits au LOF
- Assimilable Tosa : les chiens assimilables par leurs caractéristiques morphologiques aux chiens de race Tosa, sans être inscrits au LOF

Les chiens susceptibles d'être dangereux de deuxième catégorie (chiens de garde et de défense) sont :

- les chiens de race Staffordshire Terrier, inscrits au LOF
- les chiens de race American Staffordshire Terrier, inscrits au LOF
- les chiens de race Tosa, inscrits au LOF
- les chiens de race Rottweiler, inscrits au LOF ainsi que les chiens assimilables par leurs caractéristiques morphologiques aux chiens de la race Rottweiler, non inscrits au LOF

Depuis le 1er janvier 2010, tout propriétaires d'un chien de première ou deuxième catégorie, d'un chien ayant mordu ou bien qui pourrait représenter une menace, doit posséder un permis chien. Il est pour cela impératif de suivre une formation pour être déclaré apte à détenir un chien dit « dangereux ». De plus, le maître soumet son chien à une évaluation comportementale exercée par un vétérinaire comportementaliste agréé. L'examen permet d'évaluer le risque et la dangerosité du chien et les mesures à prendre. Ce contrôle permettra de détecter tout trouble du comportement chez l'animal[40] .

La divagation est interdite et passible de mise en fourrière[35] . Cependant un chien en action de chasse, de garde ou de protection de troupeaux est exclu de la législation sur la divagation.

Hormis le cas d'une action de chasse, de la garde ou de la protection du troupeau, pour que le chien ne soit pas considéré comme en divagation, son propriétaire ou la personne qui en est responsable est tenu [41] :

- soit de garder le chien sous sa surveillance effective,
- soit de maintenir le chien à portée de voix ou de tout instrument sonore permettant son rappel,
- soit d'être éloigné du chien d'une distance de moins de cent mètres.

Aux États-Unis d'Amérique

Cette section est vide, insuffisamment détaillée ou incomplète. Votre aide [32] est la bienvenue !

Élevage de chiens en Chine, et nouvelle règlementation européenne

Dans certains pays, les fourrures du chien et du chat font l'objet d'une demande importante dans les industries de la mode. De nombreuses associations de protection des animaux condamnent cet usage des chats[42] . Elle est désormais interdite d'importation et d'exportation en Europe à partir de janvier 2009[43] ,[44] .

Les mesures prises par l'Europe dans ce domaine visent à mettre fin aux abus constatés dans le commerce des fourrures, en particulier en provenance des pays asiatiques, dont l'étiquetage est souvent mensonger (fourrure de chat ou de chien importée sous d'autres désignations, comme fourrure synthétique, par exemple). Ces pratiques seraient en particulier le fait de la Chine, qui se livrerait à l'élevage des chiens et des chats pour faire le commerce de leur fourrure à grande échelle[45] .

Comme l'a déclaré à cette occasion Markos Kyprianou, commissaire européen à la santé et à la protection des consommateurs :

> « Le message transmis par les consommateurs européens est on ne peut plus clair. Ils estiment qu'il est inacceptable d'élever des chats et des chiens pour leur fourrure et ils refusent que des produits contenant ces fourrures soient vendus sur le marché européen. L'interdiction à l'échelle communautaire que nous proposons aujourd'hui signifie que les consommateurs auront la certitude de ne pas acheter, par mégarde, des produits contenant de la fourrure de chat et de chien[45] . »

D'après des enquêteurs de PETA-Allemagne, qui ont conduit une enquête en Chine du sud, les chiens et les chats feraient l'objet en Chine d'un commerce très important, dans des conditions particulièrement choquantes[46] :

- tout d'abord, les chiens et chats, entassés à vingt dans des cages grillagées, seraient transportés ainsi par camion, chaque camion regroupant dans ces cages plus de 800 animaux, souvent blessés et affolés. Toujours selon la PETA, le trafic toucherait des millions de chiens et chats, pour se procurer leur fourrure ;
- les cages seraient déchargés des camions en les jetant à terre sans aucune précaution, parfois de plus de trois mètres de haut, fracturant les pattes des animaux. Ceux-ci seraient dans un certain nombre de cas des animaux volés, car portant un collier ;
- enfin, les peaux de ces chiens et de ces chats feraient fréquemment en Chine l'objet d'un étiquetage mensonger, générant pour le consommateur occidental le risque d'acheter sans le vouloir des vêtements en peau de chat ou de chien.

La nouvelle règlementation européenne interdit la mise sur le marché, l'importation dans la Communauté et l'exportation depuis cette dernière de fourrure de chat et de chien et de produits en contenant, à compter du 31 décembre 2008. Elle prend en compte les fraudes à l'étiquetage identifiées de la part de pays tiers en se dotant des moyens de détection nécessaires. Selon le règlement (CE) n° 1523/2007 du Parlement européen et du Conseil du 11 décembre 2007[44] :

- « les États membres doivent, avant le 31 décembre 2008, informer la Commission des méthodes de détection de fourrure qu'ils utilisent pour déterminer l'espèce d'origine de la fourrure (par exemple la spectrométrie de masse MALDI-TOF) » ;
- « la Commission peut adopter des mesures arrêtant les méthodes analytiques à utiliser dans ce domaine » ;
- « les États membres doivent, avant le 31 décembre 2008, établir des sanctions appropriées pour veiller à ce que l'interdiction soit respectée et notifier ces dispositions à la Commission ».

Il est significatif du contexte de cette affaire que la Communauté précise qu'elle adopte cette règlementation alors même que « le traité ne permet pas à la Communauté de légiférer pour répondre à des préoccupations éthiques »[47] , et que la Commission donne à cette occasion (23 janvier 2006) communication au Parlement européen et au Conseil, « concernant un plan d'action communautaire pour la protection et le bien-être des animaux au cours de la période

2006-2010 [COM(2006) 13 final - Journal officiel C 49 du 28.02.2006] »[44].

Le chien dans la culture

Symbolique du chien dans les mythes et légendes

Dans la mythologie

Le chien tient une place importante dans la mythologie car il est considéré comme un animal psychopompe. C'est-à-dire qu'il guide les âmes jusqu'au royaume des morts. L'on retrouve le symbolisme du loup initiateur et gardien du royaume des morts chez de nombreux peuples :Égyptiens (Anubis le dieu des morts et conducteur d'âmes, à tête de chien ou de chacal), Grecs (Cerbère le chien monstrueux à trois têtes, gardien des Enfers), Sioux (le loup est appelé « chien de dessous-terre » et le coyote « chien qui rit »), Bantous (le chien délivre les messages des morts au sorcier en transe), Mexicains (Xolotl dieu chien jaune qui accompagna le soleil dans son voyage sous la terre pour le protéger durant la nuit).

Dans la symbolique

Anubis Dieu égyptien des Morts

Chez les Celtes le chien était considéré comme un animal au courage exceptionnel. Qualifier quelqu'un de « chien » dans cette civilisation, était rendre hommage à la bravoure de l'intéressé. Le héros Cuchulainn (chien de Culann) de la mythologie celtique irlandaise en est l'image la plus emblématique. Pour les Chinois, le chien est le onzième des douze animaux qui apparaît dans le zodiaque. Il est dit sensible à tout ce qui touche à l'injustice, intelligent et serviable. Pour les Musulmans le chien a un côté obscur qui en fait un être impur, à l'exception du lévrier qui est considéré comme un animal noble. Cette dualité a valu au chien un certain nombre d'expressions peu flatteuses : « un caractère de chien, un temps de chien, traiter quelqu'un comme un chien, avoir une vie de chien... ». Rares sont les déclinaisons élogieuses telles que « avoir du chien ».

L'on trouve également de nombreuses légendes sur le chien ou son ancêtre le loup : les chiens noirs fantômes du folklore britannique, les loups-garous, les fameuses bêtes du Gevaudan, du Nivernais ou de l'Aubrac, le « méchant loup » du Petit Chaperon Rouge ou des Trois Petits Cochons. Le chien est également à l'honneur au cinéma et à la télévision (Beethoven, Lassie chien fidèle, Belle et Sebastien, Rintintin, Rex...) ou dans la bande dessinée (Milou, Rantanplan, Bill, Idefix, Cubitus, Snoopy, etc.). Il n'est pas oublié dans les romans tels que « le chien des Baskerville », une aventure de Sherlock Holmes, le détective inventé par Sir Arthur Conan Doyle, « Croc Blanc » de Jack London ou « Cujo » de Stephen King.

Dans l'astronomie

Le chien est aussi représenté en astronomie depuis Ptolémée, par les constellations du Grand Chien (Canis Major) qui abrite Sirius l'étoile la plus brillante du ciel, celle du Petit Chien (Canis Minor) qui accueille Procyon, l'étoile se levant juste avant Sirius, et la constellation boréale des Chiens de Chasse (Canes Venatici) dont la découverte est plus récente.

Dans la religion

Les aléas de sa domestication expliquent sans doute l'image ambigüe, tantôt positive ou négative, attachée à cet animal. Si les chiens ont très tôt été domestiqués en Europe occidentale par les Grecs, ils sont restés sauvages dans les régions d'Asie occidentale, de même que les chiens parias en Inde. Les chiens sont ainsi plutôt considérés comme de fidèles compagnons par les Chrétiens, tandis que les Hébreux et l'Islam continuaient à mépriser les chiens sauvages ou marrons rôdant en bandes affamées, volontiers charognards, propageant la rage et copulant à la vue des passants[48],[49].

Ainsi pour un Arabe, la pire injure serait d'être traité de « chien »[48].

Pourtant le Coran fait peu référence au chien, si ce n'est au chien de chasse : il est considéré comme bon de manger la viande d'un animal tué par un chien domestique après avoir prononcé le nom de Dieu[50]. De même, le chien y est présenté comme un animal fidèle[51] ou présenté comme un réfugié à part entière[52] des Dormants de la Caverne, cachés là car ils étaient persécutés pour leur croyance en Dieu.

Les Hadiths abordent davantage la question du chien. Selon ces récits, Mahomet aurait dit qu'un homme qui donne à boire à un chien assoiffé sera pardonné de ses péchés, il précise qu'il en va de même pour l'aide apportée à tout autre animal[53]. Il aurait également déconseillé aux musulmans de garder dans leurs maisons des chiens appartenant à des races autres que des chiens de chasse, chiens de berger ou chiens de garde pour les terrains (par *les terrains* il faut comprendre *les champs*)[54].

Une plaisanterie (1882) par Jean-Léon Gérôme représentant un musulman dans son salon soufflant une bouffée provenant du narguilé à son chien, un lévrier arabe

Le Talmud n'approuve pas non plus la détention d'un chien chez soi, où il doit alors être constamment enchaîné. Il est interdit à une veuve de vivre seule avec un chien, de crainte d'être soupçonnée d'avoir des « relations interdites »[48].

Dans l'iconographie chrétienne, le chien qui est représenté aux côtés des saints a un rôle positif et actif. Par exemple Saint Wendelin est accompagné d'un chien de berger, tandis qu'on attibue à saint Eustache, saint Hubert et saint Julien l'Hospitalier des chiens de chasse. Dans la peinture dominicaine, les chiens ont pour rôle de mettre en fuite des loups, représentant les hérétiques, qui s'attaquent aux brebis, image des fidèles[55].

Dans l'antiquité grecque, le chien est également utilisé lors d'insultes : ainsi, Agamemnon traite-t-il Achille « d'Homme à l'œil de chien, au coeur de cerf »[56]. Le juron préféré de Socrate est *Par le chien*, et se rapporte au dieu égyptien Anubis[57].

Chiens célèbres réels

- Adeck, le chien de l'animateur Christophe Dechavanne
- Bo, un chien d'eau portugais, actuel *First Dog*, résident à la Maison Blanche avec la famille Obama.
- Baltique
- Balto
- Barry
- Belka et Strelka
- Blondi
- Chiens du programme spatial soviétique
- Greyfriars Bobby
- Hachikō
- Khéops
- Laïka (première chienne dans l'espace)
- Mabrouka
- Mabrouk Junior
- Mabrouk
- Saucisse
- Snuppy

- Stubby

Notes et références

[1] **(en)** Origin of dogs traced (http://news.bbc.co.uk/2/hi/science/nature/2498669.stm), *Science/Nature*, BBC NEWS

[2] Germonpré M., Sablin M.V., Stevens R.E., Hedges R.E.M., Hofreiter M., Stiller M. and Jaenicke-Desprese V., 2009. Fossil dogs and wolves from Palaeolithic sites in Belgium, the Ukraine and Russia: osteometry, ancient DNA and stable isotopes. - Journal of Archaeological Science 2009, vol. 36, no2, pp. 473-490

[3] **(en)** Vilà, C. et al. (1997). *Multiple and ancient origins of the domestic dog* (http://www.mnh.si.edu/GeneticsLab/StaffPage/MaldonadoJ/PublicationsCV/Science_Dog_Paper.pdf)**[PDF]** *Science* 276:1687–1689. (Ainsi que *Multiple and Ancient Origins of the Domestic Dog* (http://www.idir.net/~wolf2dog/wayne1.htm))

[4] Lindblad-Toh, K, et al. (2005) *Genome sequence, comparative analysis and haplotype structure of the domestic dog* (http://www.nature.com/nature/journal/v438/n7069/abs/nature04338.html) *Nature* **438**, 803–819.

[5] loi sur la généalogie des animaux (http://laws.justice.gc.ca/fr/showdoc/cs/A-11.2//20090206/fr?command=search&caller=SI&search_type=all&shorttitle=gÃ©nÃ©alogie des animaux&day=6&month=2&year=2009&search_domain=cs&showall=L&statuteyear=all&lengthannual=50&length=50), Ministère de l'agriculture du Canada

[6] Club Canin Canadien http://www.ckc.ca

[7] Définitions lexicographiques (http://www.cnrtl.fr/lexicographie/Chien) et étymologiques (http://www.cnrtl.fr/etymologie/Chien) de « Chien » du TLFi, sur le site du CNRTL.

[8] Définition et emploi du mot « chien » (http://www.le-dictionnaire.com/definition.php?mot=chien#).

[9] **(en)** K. Kris Hirst, « Archaeology - Dog History How were Dogs Domesticated? (http://archaeology.about.com/od/domestications/qt/dogs.htm) » sur *About.com* (http://www.about.com/)

[10] *Лайка* en russe est une appellation générique de chiens originaires du Grand Nord.

[11] Selon la célèbre définition de Ernst Mayr.

[12] « Instruction CITES pour le service vétérinaire de frontière », CITES, 20 décembre 1991.

[13] Dr Brady Barr, *Dangerous Encounters*, National Geographic, 2005 (http://www.youtube.com/watch?v=vbwMs7cjK0Y)

[14] D. et M. Fremy, *Quid 2005*, Éd. Robert Laffont, 2005. Article *Zoologie*, p. 232 a.

[15] message 31 (http://www.gamaniak.com/comment-5172-chien-calmer-bebe.html#118104)

[16] Le chien est-il omnivore? (http://www.gralon.net/articles/sante-et-beaute/sante-animal/article-alimentation-du-chien-476.htm)

[17] Les spécificités du chien - Le chien...Canus Domesticus (http://books.google.com/books?id=jYmRwVJ9aJYC&pg=PA10&lpg=PA10&dq=le+chien+est+considÃ©rÃ©+omnivore+"le+chien+est+considÃ©rÃ©+omnivore"&source=bl&ots=dQU3rwCo3M&sig=iNMMC2C2Uz2q0z-WOu2YKcSUlmA&hl=en&ei=6BphTf2TCsy28QPp3-xZ&sa=X&oi=book_result&ct=result&resnum=1&ved=0CBIQ6AEwAA#v=onepage&q&f=false)

[18] 30 Millions d'Amis Magazine n°277 - septembre 2010 page 20 à 32 : « Nouvelles tendances de l'alimentation : faut-il se laisser séduire ? »

[19] Puis-je donner des os à mon chien ? (http://www.cuisine-a-crocs.com/Quels_aliments_donner_aux_chiens_et_aux_chats_-pg-292.html)

[20] L'intoxication par le chocolat chez le chien (http://www.choco-club.com/vertus-chiens.html).

[21] JORF (http://www.legifrance.gouv.fr/jo_pdf.do?cidTexte=JORFTEXT000019746881) 11 novembre 2008 ; Décret n° 2008-1158 du 10 novembre 2008 relatif à l'évaluation comportementale des chiens prévue à l'article L. 211-14-1 du code rural

[22] Clémentine Vaysse *Tendance – La folie des produits pour animaux de compagnie* (http://www.lepetitjournal.com/societe-saopaulo/79538-tendance-la-folie-des-produits-pour-animaux-de-compagnie.html), 30 mai 2011, sur lepetitjournal.com (http://www.lepetitjournal.com/), consulté en nov 2011

[23] Source FACCO/SOFRES 2008

[24] Statut juridique de l'animal (http://www.cons-dev.org/elearning/ethic/EA9.html)

[25] CCPA - Programmes → CCPA, Manuel vol. 2 - 1984 - Chapitre IX : Les chiens (http://www.ccac.ca/fr/CCAC_Programs/Guidelines_Policies/GUIDES/ENGLISH/V2_84/CHIX.HTM)

[26] Zoothérapie Québec - Dossier: École Charles-Bruneau - Projet d'expérimentation (http://www.zootherapiequebec.ca/index.php?option=com_content&task=view&id=70&Itemid=47)

[27] D. et M. Fremy, *Quid 2005*, Éd. Robert Laffont, 2005. Article *Zoologie*, p. 231 c.

[28] WAMIZ, A Gurgaon en Inde, on déplore 50 morsures de chiens errants par jour (http://wamiz.com/chiens/actu/a-gurgaon-en-inde-on-deplore-50-morsures-de-chiens-errants-par-jour-1864.html)29/09/11

[29] Les noms des chiens http://www.braquedubourbonnais.info/fr/nom-chien.htm

[30] Votre chien et son dressage (http://www.chien-dressage.org/nom-chien.html)

[31] Société Royale Saint Hubert

[32] http://en.wikipedia.org/wiki/Chien

[33] Voyager avec son animal (http://www.routard.com/guide_dossier/id_dp/34/num_page/6.htm) sur le site du Guide du Routard (http://www.routard.com), consulté en août 2010

[34] Conditions d'importation en France d'animaux de compagnie, en provenance de pays non membres de l'Union européenne (http://www.douane.gouv.fr/page.asp?id=46)

[35] Loi no 99-5 du 6 janvier 1999 relative aux animaux dangereux et errants et à la protection des animaux. Article 12. Lire le texte (http://admi.net/jo/19990107/AGRX9800014L.html)

[36] le point sur la mauvaise réputation du pitbull à montréal (http://montreal.openfile.ca/montreal/file/2011/06/le-point-sur-la-mauvaise-reputation-du-pitbull-a-montreal)

[37] Les morsures de chien chez l'enfant (http://home.scarlet.be/~tdelvaux/www/Dossiers.html)

[38] Prévention des morsures de chiens (http://www.ne.ch/neat/site/jsp/rubrique/rubrique.jsp?DocId=15121)

[39] N'importe quel chien peut mordre… et même un membre de sa famille (http://www.comportement-canin.com/ethologie/morsuremembrefamille.html)

[40] 30 Millions d'Amis n°283 - mars 2011 : « Nos animaux chez les psy? Peuvent-ils les aider à aller mieux? » - « Zoom sur... l'évaluation comportementale des chiens dits dangereux. » p.25.

[41] Code rural et de la pêche maritime - Article L211-23

[42] Anatomie du chat (http://www.racedechat.com/m1s2.html). Consulté le 16 décembre 2007

[43] La vente de fourrure de chat et de chien interdite (http://www.lemonde.fr/cgi-bin/ACHATS/acheter.cgi?offre=ARCHIVES&type_item=ART_ARCH_30J&objet_id=994081&clef=ARC-TRK-D_01) sur *Le Monde*, 17 juin 2007

[44] Règlement (CE) n° 1523/2007 du Parlement européen et du Conseil du 11 décembre 2007 (http://europa.eu/scadplus/leg/fr/lvb/f82004.htm)

[45] Propositions européennes sur le commerce de la fourrure (http://www.eicluxembourg.lu/index.php?type=art&id=203)

[46] **(en)** Le commerce scandaleux de la fourrure de chiens et de chats en Chine (http://www.peta.org.uk/feat/dogcatfuruk.asp). *Consulté le 29 janvier 2009*

[47] *Note :* La Communauté justifie en pratique son action par les distorsions de concurrence générées par les interdictions déjà existantes dans certains pays européens à l'encontre du commerce des fourrures de chats et de chiens

[48] Eugène-Humbert Guitard, *Le chien dans la médecine et le folklore hébraïques : Dr Lavoslav Glesinger, dans la Revue d'histoire de la médecine hébraïque*, 1956, Revue d'histoire de la pharmacie, 1957, vol. 45, n° 154, pp. 139-140. Consulté le 14 septembre 2011. Lire en ligne (http://www.persee.fr/web/revues/home/prescript/article/pharm_0035-2349_1957_num_45_154_9420_t1_0139_0000_3).

[49] A. Smets, *L'image ambiguë du chien à travers la littérature didactique latine et française (XIIe –XIVe siècles)*, dans Reinardus, Volume 14, Number 1, 2001, pp. 243-253(11), Editeur : John Benjamins Publishing Company. Lire le résumé ligne (http://www.ingentaconnect.com/content/jbp/rein/2001/00000014/00000001/art00017).

[50] Coran, sourate 5 : « La table servie » (Al-Maidah), verset 4 - *Ils te questionnent sur ce qui leur est autorisé. Réponds : Vous sont permises les bonnes nourritures, ainsi que ce que capturent les carnivores que vous avez dressés, en leur apprenant ce qu'Allah vous a appris. Mangez donc de ce qu'ils capturent pour vous et prononcez dessus le nom d'Allah. Et craignez Allah. Car Allah est, certes, prompt dans les comptes.*

[51] Coran, sourate 18 : « La Caverne » (Al-Kahf), verset 18 - *Et tu les aurais cru éveillés, pourtant ils dorment. Et nous les tournons sur le côté droit puis sur le côté gauche, tandis que leur chien est à l'entrée, les pattes étendues. Si tu les avais aperçus, certes tu leur aurais tourné le dos en fuyant et tu aurais été assurément rempli d'effroi devant eux.*

[52] Coran, sourate 18 : « La Caverne » (Al-Kahf), verset 22 - *Ils diront : « ils étaient trois et le quatrième était leur chien. ». Et ils diront en conjecturant sur leur mystère qu'ils étaient cinq, le sixième étant leur chien et ils diront : « sept, le huitième étant leur chien ». Dis : M« on Seigneur connaît mieux leur nombre. Il n'en est que peu qui le savent ». Ne discute à leur sujet que d'une façon apparente et ne consulte personne en ce qui les concerne.*

[53] L'authentique d'al-Boukhari - Abou Horaira - *Un homme qui marchait éprouva une soif intense. Il descendit dans un puits et se désaltéra. Lorsqu'il sortit, il vit un chien qui haletait et qui léchait la terre humide pour étancher sa soif. – Ce chien, se dit l'homme, est assoiffé, autant que je l'étais tout à l'heure. Il retourna au fond du puits remplit sa bottine d'eau et la maintenant avec les dents, il remonta et abreuva le chien. Dieu agréa son comportement et lui pardonna ses péchés. – Ô Envoyé de Dieu, lui dit-on, on est récompensé même pour les animaux ? – Pour le bien fait à chaque cœur humide, il y a une récompense, répondit le Prophète.*

[54] Sahih Moslem Abou Horaira - Celui qui garde chez lui un chien voit chaque jour le salaire de ses bonnes actions diminué d'une mesure, sauf un chien de chasse ou pour garder les troupeaux ou les terrains

[55] Saints et animaux (http://animal-respect-catholique.org/saints.htm), extrait du Mémoire de licence de Olivier Jelen présenté à la Faculté de Théologie, Fribourg (Suisse), septembre 2001, sous la direction du professeur Othmar Keel.

[56] Iliade, chant I, vers 225-226

[57] Gorgias, Ed. Arléa, p. 58

Voir aussi

Bibliographie

* Joël Dehasse, *Tout sur la psychologie du chien*, Odile Jacob, 2009

Articles connexes

* Liste des races de chiens
* Les constellations du Grand Chien, du Petit Chien et des Chiens de chasse
* Société centrale canine
* Comportementaliste

Liens externes taxinomiques

Canis lupus:

* Référence Fauna Europaea : *Canis lupus* (http://www.faunaeur.org/full_results.php?id=305289) **(en)**
* Référence NCBI : *Canis lupus* (http://www.ncbi.nlm.nih.gov/Taxonomy/Browser/wwwtax.cgi?lin=s& p=has_linkout&id=9612) **(en)**
* Référence UICN : espèce *Canis lupus* Linnaeus, 1758 (http://www.iucnredlist.org/apps/redlist/details/3746) **(en)**
* Référence Catalogue of Life : *Canis lupus* Linnaeus, 1758 (http://www.catalogueoflife.org/search/scientific/ genus/Canis/species/lupus/match/1/match/1) **(en)**

Canis lupus familiaris:

* Référence Mammal Species of the World : *Canis lupus familiaris* Linnaeus, 1766 (http://www.bucknell.edu/ msw3/browse.asp?s=y&id=14000752) **(en)** (consulté le 3 mai 2012)
* Référence Animal Diversity Web : *Canis lupus familiaris* (http://animaldiversity.ummz.umich.edu/site/ accounts/information/Canis_lupus_familiaris.html) **(en)**
* Référence UICN : espèce *Canis lupus familiaris* (http://www.iucnredlist.org/apps/redlist/details/41585) **(en)**
* Référence ITIS : *Canis lupus familiaris* Linnaeus, 1758 (http://www.cbif.gc.ca/pls/itisca/next?taxa=& p_format=&p_ifx=&p_lang=fr&v_tsn=726821) **(fr)** (+ version anglaise (http://www.itis.gov/servlet/SingleRpt/ SingleRpt?search_topic=TSN&search_value=726821) **(en)**)
* Référence NCBI : *Canis lupus familiaris* (http://www.ncbi.nlm.nih.gov/Taxonomy/Browser/wwwtax. cgi?lin=s&p=has_linkout&id=9615) **(en)**

Canis familiaris :

* Référence NCBI : *Canis familiaris* (http://www.ncbi.nlm.nih.gov/Taxonomy/Browser/wwwtax.cgi?lin=s& p=has_linkout&id=9615) **(en)**
* Référence Brainmuseum (http://brainmuseum.org/index.html) : *Canis familiaris* (http://brainmuseum.org/ Specimens/carnivora/beagle/index.html) **(en)**
* Référence Catalogue of Life : *5206444 Canis* familiaris (http://www.catalogueoflife.org/search/scientific/ genus/5206444/species/Canis/match/1/match/1) **(en)**
* Référence The Paleobiology Database : *Canis familiaris* Linnaeus 1758 (http://paleodb.org/cgi-bin/bridge. pl?action=checkTaxonInfo&is_real_user=1&taxon_no=104153) **(en)**
* Référence ITIS : *Canis familiaris* Linnaeus, 1758 **Non valide** (http://www.cbif.gc.ca/pls/itisca/next?taxa=& p_format=&p_ifx=&p_lang=fr&v_tsn=183815) **(fr)** (+ version anglaise (http://www.itis.gov/servlet/SingleRpt/ SingleRpt?search_topic=TSN&search_value=183815) **(en)**)

Liens externes divers

- Société Centrale Canine (http://www.scc.asso.fr)
- Fédération Cynologique Internationale (http://www.fci.be)
- Le Club Canin Canadien (http://www.ckc.ca/fr)

Bearded_collie

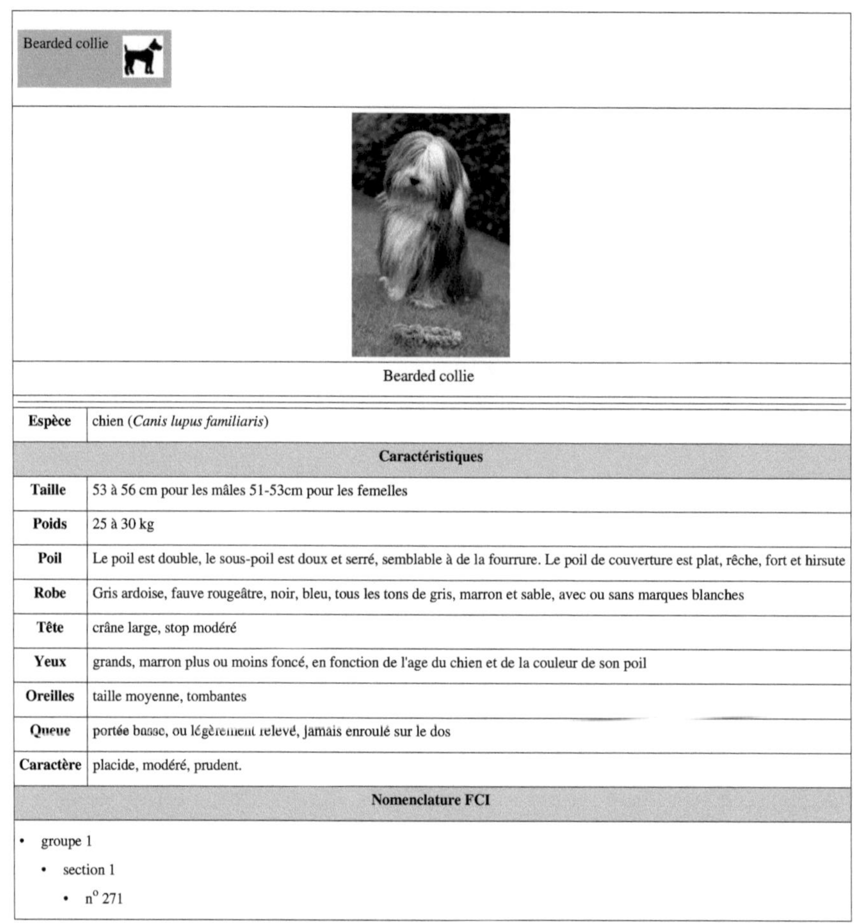

Bearded collie

Espèce	chien (*Canis lupus familiaris*)
Caractéristiques	
Taille	53 à 56 cm pour les mâles 51-53cm pour les femelles
Poids	25 à 30 kg
Poil	Le poil est double, le sous-poil est doux et serré, semblable à de la fourrure. Le poil de couverture est plat, rêche, fort et hirsute
Robe	Gris ardoise, fauve rougeâtre, noir, bleu, tous les tons de gris, marron et sable, avec ou sans marques blanches
Tête	crâne large, stop modéré
Yeux	grands, marron plus ou moins foncé, en fonction de l'age du chien et de la couleur de son poil
Oreilles	taille moyenne, tombantes
Queue	portée basse, ou légèrement relevé, jamais enroulé sur le dos
Caractère	placide, modéré, prudent.
Nomenclature FCI	

- groupe 1
  - section 1
    - n° 271

Le **Bearded Collie** (parfois appelé Colley barbu) est une race de chien de berger d'origine écossaise ou anglaise.

Chien actif, peut être mis au travail à la garde de moutons, ou comme chien d'agrément. Son poil demande un entretien régulier. Ce chien est particulièrement docile, calme avec les enfants. Il peut craindre les bruits intempestifs. Ils vivent en moyenne 14 ans.

Origine

Cette race de chien était en vogue dans les années 1980, avec le bobtail. La relative difficulté d'entretien lui a fait préférer d'autres races plus petites ou à poil court.

Voir aussi

Bibliographie

- 1993 : Guy JENNY et Serge SORIN, *Le Bearded Collie*, éditions De Vecchi, 169 p. **(fr)** (épuisé)
- 1995 : Jacques COLY et Lucien CHAPONET, *Le bearded collie*, éditions Edimag, collection Atout chiens, 160 p. **(fr)**
- 1996 : F. SALA, *Les bergers écossais : le Collie, le Shetland, le Border Collie, le Bearded Collie, le Welsh Corgi*, éditions De Vecchi, 191 p. **(fr)** (épuisé)
- 2003 : Lucien CHAPONET et Jacques COLY, *Le bearded collie*, éditions Artémis, 143 p. **(fr)**
- 2004 : Catherine DAUVERGNE, *Le bearded collie*, éditions De Vecchi, collection Chiens de race, 159 p. **(fr)**
- 2007 : George STEINER, *Propos sur les animaux*, éditions Herne. **(fr)** *(à paraître le 15/11/07)*

Liens externes

- [**PDF**] Standard de la race sur le site de la Société centrale canine [1]
- **(fr)** 'Bearded Collie Club de France [2].
- **(en)** Bearded Collie Club [3] (Royaume-Uni).

References

[1] http://www.scc.asso.fr/mediatheque/standards/271.pdf

[2] http://www.bccf.fr/

[3] http://www.beardedcollieclub.co.uk

Berger_de_Bergame

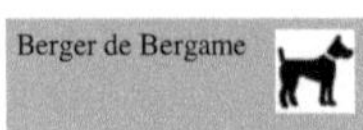
Berger de Bergame

Berger de Bergame

Espèce	chien (*Canis lupus familiaris*)
Caractéristiques	
Silhouette	26 à 38 kg
Taille	54 à 62
Poil	très abondant,long, réche, forme des mèches à la partie arrière du dos
Robe	gris uniforme ou avec des taches noires, des nuances isabelle ou fauve claire sont admises ainsi que les robes entièrement noires si la couleur est opaque
Tête	crâne large, stop accentué
Yeux	grands, marron plus ou moins foncé
Oreilles	assez petites, attachées haut, semi-tombantes
Queue	portée en sabre
Caractère	vigilant, modéré, patient, allègre
Nomenclature FCI	

- groupe 1
  - section 1
    - n° 194

Le **berger de Bergame** est une race de chien d'origine italienne. La Fédération cynologique internationale le reconnaît sous le nom de **cane da pastore bergamasco**. On l'appelle parfois aussi bergamasque. Il était à l'origine destiné à conduire et garder les troupeaux de moutons.

Description

Magnifique berger, ce chien reconnaissable à sa robe est le cousin du berger de Brie. Il y a deux types de poils, le poil en forme de nœud et le poil comme le briard (rêche). Il y a plusieurs types de couleurs, le noir opaque, le brun clair, foncé, le beige, le gris clair, foncé, le blond, le blanc, le fauve, l'arlequin et toutes autre couleurs à deux, trois, voire quatre couleurs différentes. Ses yeux peuvent être brun clair ou foncé, gris clair ou foncé et bleu ce qui est peu fréquent. La queue est portée en sabre et les oreilles sont triangulaires. Il mesure entre 54 et 62 cm et le poids est de

26 à 38 kg. Historique : Cette ancienne race de chiens de garde des troupeaux a essaimé dans toute la région des Alpes italiennes; l'effectif de ces chiens était tout spécialement grand dans les vallées bergamasques, où l'élevage du mouton était fortement développé.

Aspect général : Le berger bergamasque est un chien de volume moyen, d'aspect rustique avec un pelage abondant sur toutes les partes du corps, construit en puissance mais fort bien proportionné. Sa forme générale est celle d'un chien de proportions moyennes dont le corps s'inscrit dans le carré. Il est harmonique aussi bien par rapport au format (hétérométrie = rapports normaux entre la taille et les différents parties du corps) que quant aux profils (alloïdisme = concordance entre les profils de la tête et du corps).

Proportions importantes : La longueur du tronc, mesurée depuis la pointe de l'épaule (angle scapulo-huméral) jusqu'à la pointe de la fesse (pointe de I'ischion), est égale à la hauteur au garrot (le corps s'inscrit donc dans le carré). On admet, sans l'apprécier, une faible marge de tolérance qui ne doit de toute façon pas dépasser un ou deux centimètres. La longueur de la tête atteint les 4/10 de la hauteur au garrot. La profondeur de la poitrine doit atteindre le 50% de la hauteur au garrot.

Comportement / Caractère : La fonction du chien de berger bergamasque est de conduire et de garder le troupeau, travail pour lequel Il montre des dispositions exemplaires grâce à sa vigilance, sa concentration et son équilibre psychologique. Sa faculté d'apprendre et de se déterminer, combinée à sa modération et à sa patience en font un excellent chien de garde et de compagnie, apte aux emplois les plus divers. Il établit une liaison étroite avec l'homme.

Tête : La longueur du museau est égale à la longueur du crâne. En son ensemble parallélépipédique, la tête semble grosse. La peau ne doit pas être épaisse, mais bien appliquée aux tissus sous-jacents sans former de rides.

Crâne : Le crâne est large et légèrement convexe entre les oreilles; Il est également large et arrondi dans la région du front. Les axes longitudinaux supérieurs du crâne et du museau sont parallèles. La longueur du crâne est égale à celle du museau. Sa largeur ne doit pas dépasser la moitié de la longueur de la tête. Les protubérances du front sont bien développées tant dans le sens longitudinal que dans le sens transversal; les arcades zygomatiques sont bien marquées, La suture médio-frontale (ou métopique) est marquée; la protubérance occipitale est apparente et saillante. Stop : la dépression naso-frontale (stop) est bien ajustée, mais accentuée à cause du développement marqué des apophyses des os du nez et du front, des protubérances frontales et des arcades sourcilières. Museau : il s'amincit progressivement jusqu'à son extrémité et ses faces latérales convergent légèrement, de sorte que le museau luimême n'est pas pointu mais tronqué, avec une face antérieure plutôt plate.. Sa longueur est égale à la longueur du crâne. Sa largeur, mesurée à mi-longueur, atteint environ les, 50 % de sa longueur. La hauteur du museau ne doit pas être inférieure à la moitié de sa longueur. Le profil supérieur du museau, tracé par le profil du chanfrein est rectiligne. Le profil inférieur du museau n'est pas déterminé par la lèvre, mais par la mandibule. À cause de cette conformation, la commissure labiale n'est pas tombante; la gueule est bien fendue de telle sorte que la commissure labiale se trouve au niveau d'une verticale Imaginaire abaissée de l'angle externe de l'œil. Le profil de la mâchoire inférieure est à peu près rectiligne. Lèvres : fines et peu importantes, elles se séparent sous la truffe en dessinant un arc très ouvert qui forme un tiers de cercle; ainsi les dents de la mandibule sont tout juste couvertes. Les bords des lèvres sont bien pigmentés. Mâchoire : le corps et les branches des mâchoires inférieures et supérieures sont bien développés et larges. Dents : blanches; denture complète et bien développée; les Incisives sont régulièrement alignées. L'articulé est en ciseaux. Joues : peu en relief. Yeux : grands, avec l'iris de couleur marron plus ou moins foncé selon la couleur de la robe. Ils sont situés presque sur un même plan frontal. Leur expression est douce, paisible et attentive. L'ouverture palpébrale est légèrement ovale et l'axe palpébral a une obliquité d'environ 15 % sur l'horizontale. Les paupières épousent bien la forme du globe oculaire et leurs bords sont bien pigmentés de noir; Les sourcils sont particulièrement longs afin de pouvoir soulever les poils du front qui retombent devant les yeux. Oreilles : attachées haut, elles sont semi-tombantes, c'est-à-dire que seuls les deux tiers terminaux jusqu'à la pointe arrondie sont tombants. Quand le chien est attentif, l'oreille se lève légèrement à sa base. Sa forme est triangulaire. La longueur de l'oreille se situe entre 11 et 13 cm, sa largeur est de 6,5 à 8 cm. Elle présente une base large qui, vers l'arrière se prolonge jusqu'à l'attache de la tête au cou, alors que, vers l'avant, elle atteint le milieu du crâne. L'extrémité est légèrement arrondie. Sur les oreilles, le poil est 'légèrement ondulé et doux; il finit par former des franges sur la pointe. Cou : Le profil supérieur est légèrement convexe. Le cou est un peu plus court que la tête: en effet, en extension, il ne dépasse pas les 80% de la longueur de la tête. Le périmètre du cou, mesuré au milieu de sa longueur, doit atteindre au moins le double de sa longueur. La peau n'est jamais flasque, donc toujours sans trace de fanon. Le poil doit être touffu.

Corps :

Ligne supérieure : Le garrot sort bien du profil dorsal rectiligne. La région lombaire présente une certaine convexité et la croupe est un peu oblique. Garrot : haut et long. Le cou se relie harmonieusement au tronc. Dos : rectiligne, bien musclé et de bonne largeur, sa longueur atteint environ les 30 % de la hauteur au garrot. La région lombaire est bien unie à la ligne ' du dos et à celle de la croupe. La longueur de la partie lombaire atteint environ les 20 % de la hauteur au garrot; elle est ainsi nettement plus courte que la partie dorsale. La largeur de la région lombaire est à peu près égale à sa longueur; la musculature de toute la région est bien développée. Croupe : Large, robuste, bien musclée et oblique, avec une inclinaison de 30 % sous l'horizontale; sa largeur transversale, entre les deux hanches, doit atteindre le 1/7ème de la hauteur au garrot. Poitrine : Elle doit être ample, descendue jusqu'au niveau des coudes el. bien cintrée. Son périmètre (mesuré derrière les coudes) dépasse de 25 % la hauteur au garrot. Son diamètre transversal doit atteindre les 30 % de la hauteur au garrot, La profondeur et la hauteur de la poitrine doivent atteindre les 50 % de la hauteur au garrot. Ligne inférieure : À partir du sternum, le profil Inférieur remonte très faiblement vers le ventre qui est donc peu relevé. La longueur des flancs doit correspondre à celle de la région lombaire qui est courte. Le creux des flancs est minime. Queue : Attachée au tiers postérieur de la croupe, grasse et robuste à sa racine, elle va en s'amenuisant jusqu'à son extrémité. Elle est couverte d'un poil de chèvre légèrement ondulé. Sa longueur atteint les 60 à 65 % de la hauteur au garrot et elle arrive facilement jusqu'au jarret quand le chien est en station normale; il est cependant préférable qu'elle soit plus courte. Au repos, la queue est portée "en sabre" c'est-à-dire qu'elle est tombante dans ses premiers tiers, puis légèrement relevée dans son dernier tiers. En action, le chien bat du fouet.

Membres : Membres antérieurs : Dans l'ensemble, vus de face et de profil, les antérieurs d'aplomb. La hauteur du sol au coude atteint les 50 % de la hauteur au garrot. Ils sont bien proportionnés au format du chien. Epaules : l'épaule est bien charpentée et massive. Sa longueur dépasse de peu le quart de la hauteur au garrot et mesure entre 15 et 17 cm. Son obliquité sous l'horizontale est de 45 à 55 degrés. Sa musculature doit toujours être bien développée. Bras : Il doit être bien musclé et doté d'une ossature robuste. Sa longueur atteint les 30 % de la hauteur au garrot. Son inclinaison sous l'horizontale se situe entre 60 et 70 degrés. L'ouverture de l'angle scapulo-huméral varie entre 105 et 125 degrés. Coudes : les coudes doivent être placés dans des plans parallèles au plan médian du corps. La pointe du coude doit se trouver sur une verticale imaginaire abaissée depuis l'angle caudal de l'omoplate L'ouverture de l'angle huméro-radial varie entre environ 150 à 155 degrés. Depuis le niveau des coudes vers le bas, le poil doit être abondant, long et touffu, avec tendance à ressembler à des flocons. Avant-bras : il est vertical; sa longueur est pour le moins égale à celle du bras. Sa musculature et son ossature sont bien développées. Carpes : bien mobile et sec, avec un os pisiforme nettement saillant, il prolonge la ligne verticale de l'avant-bras. Métacarpes : il doit être sec et bien mobile. Vu de face, il doit être placé dans un même plan vertical que l'avant-bras, Vu de profil, il est un peu oblique vers l'avant. Pieds : De forme ovale (pied de lièvre) avec des doigts bien serrés et cambrés, Ongles robustes, courbés et bien pigmentés. Coussinets de couleur foncée.

Membres postérieurs : MEMBRES POSTÉRIEURS : Dans l'ensemble, les membres postérieurs s'accordent bien au format du chien. Aplombs normaux aussi bien vus de profil que vus de l'arrière. Cuisses : Longue, large, bien musclée, avec un bord postérieur légèrement convexe. Sa longueur dépasse environ les 30 % de la hauteur au garrot, et sa largeur les 75 % de sa longueur. L'ouverture de l'angle coxo-fémoral varie entre 100° et 105°. Jambes : dotée d'une ossature robuste et de muscles secs, la gouttière jambière est bien marquée. La longueur de la jambe atteint environ le 1/3 de la hauteur au garrot. Son inclinaison sous l'horizontale est d'environ 55° Le genou est parfaitement d'aplomb dans la ligne du membre et n'est tourné ni en dedans ni en dehors. L'angle fémoro-tibial est ouvert et mesure environ 130° - 135°. Jarrets : les faces latérales du jarret doivent être bien larges. La distance de la pointe du jarret au sol ne doit pas être inférieure aux 25 % de la hauteur au garrot. L'ouverture de l'angle de l'articulation tibio-tarsienne varie entre 140° et 145°. Métatarses : sa longueur atteint environ les 15 % de la hauteur au garrot si on le taise indépendamment; si par contre on le mesure depuis la pointe du calcaneum, sa longueur est égale à celle du jarret. Sa direction doit être verticale. D'éventuels ergots doivent être éliminés. Pieds : Comme l'antérieur dont il partage toutes les caractéristiques

Allures : pas libre et long; le trot, assez allongé et très endurant, est l'allure préférée. Grâce à sa conformation, le chien peut facilement passer au galop ordinaire, allure qu'il est à même de soutenir relativement longtemps

Peau : bien appliquée au corps, elle doit être fine partout, mais tout spécialement aux oreilles et sur les membres antérieurs. Cou sans fanon et tête sans rides. La couleur des muqueuses et des troisièmes paupières doit être noire.

Robe : Poil : très abondant, très long et différent selon les régions. La texture est rêche (poil de chèvre) particulièrement sur la partie antérieure du tronc, à partir de la moitié de la poitrine vers l'arrière, et sur tous les membres, le poil tend à former des mèches ou est déjà organisé en mèches selon l'âge du sujet; ces mèches doivent partir du haut de la ligne du dos et retomber sur les parois latérales du tronc. Sur la tête, le poil est moins rude et recouvre les yeux. Sur les membres, le poil doit être distribué partout uniformément en forme de mèches souples qui pendent vers le sol; il forme une sorte de pilastre sur l'antérieur et des mèches sur les postérieurs, ceci sans franges. Le sous-poil est tellement court et serré qu'il ne permet pas facilement de vair la peau. Il doit être onctueux au toucher.

Couleur : couleur gris uniforme ou avec des taches grises de toutes les nuances possibles allant d'un gris délicat et moyen à un ton très clair ou à (in ton plus foncé jusqu'au noir; des nuances isabelle et fauve clair sont admises Une robe unicolore noire est admise si le noir est vraiment opaque (zain). La robe blanche unicolore est proscrite. On tolère des taches blanches quand leur surface ne dépasse pas Ln cinquième de la surface totale de la robe.

Taille : la hauteur au garrot idéale pour les mâles est de 60 cm avec une tolérance de 2 cm en plus ou en moins. Pour les femelles elle est de 56 cm, toujours avec 2 cm de tolérance en plus ou en moins.

Poids : Mâles : 32 - 38 kg. Femelles : 26 - 32 kg.

Défauts : tout écart de la description qui précède constitue un défaut qui, en jugement, doit être pénalisé selon sa gravité et son extension. Ces mêmes modalités s'appliquent aussi aux chiens qui ont la tête trop petite -et à ceux qui vont l'amble de façon permanente.

Défauts éliminatoires :

Axes crânio-faciaux convergents au divergents, Prognathisme mandibulaire accentué et défigurant. Strabisme bilatéral. Truffe partiellement dépigmentée. Taille dépassant en plus ou en moins les marges indiquées par le standard. Queue en trompette. Défauts de disqualification :

Truffe : dépigmentation totale. Chanfrein nettement busqué ou concave. Dépigmentation bilatérale totale des paupières, œil vairon (même un seul œil). Mâchoires prognathisme supérieur. Queue : anourie, brachyourie, queue portée enroulée sur le dos. Couleur de la robe : blanc dépassant 1/5 de la surface totale. Peau : dépigmentation totale des bords des lèvres. N.B. : Les mâles doivent avoir deux testicules d'aspect normal complètement descendus dans le scrotum.

Histoire

Cette ancienne race de chiens de garde des troupeaux a essaimé dans toute la région des Alpes italiennes. l'effectif de ces chiens était tout spécialement grand dans les vallées bergamasques, où l'élevage du mouton était fortement développé. Originaire de la région de Bergame, en Italie, ce chien est connu depuis plus de 2.000 ans. Créé par les romains pour garder les troupeaux et tenir les loups à distance, il compte dans ses ascendants des Bergers français et asiatiques Malheureusement, bien que cette race possède un physique et un caractère exceptionnels, elle n'est pas très répandue parce que sa robe particulière « effraie » les acheteurs potentiels. En réalité, la robe du Berger de Bergame ne devrait jamais être toilettée. Elle peut être lavée (il est même conseillé de le faire régulièrement parce qu'elle se salit vite) mais ne doit pas être brossée ; il suffit de la laisser sécher au soleil. Ainsi, malgré les apparences, c'est une des robes les plus faciles à entretenir qui soit.

Caractère et comportement

Le berger de Bergame est un excellent gardien, il n'attend pas qu'un intrus entre dans la maison pour le coincer comme le fait le berger allemand, mais aboie dès que celui-ci est derrière la porte. Ce chien a besoin d'une éducation ferme, il est intelligent, vigilant, modéré, patient, agile, docile et futé. Son allure préférée est le trot, il peut facilement passer au galop. C'était le chien préféré des Romains, il était fait pour tuer les loups dès qu'ils s'approchaient du troupeau de moutons. Chien de berger destiné à la conduite et à la garde des troupeaux. La fonction du chien de berger bergamasque est de conduire et de garder le troupeau, travail pour lequel Il montre des dispositions exemplaires grâce à sa vigilance, sa concentration et son équilibre psychologique. Sa faculté d'apprendre et de se déterminer, combinée à sa modération et à sa patience en font un excellent chien de garde et de compagnie, apte aux emplois les plus divers. Il établit une liaison étroite avec l'homme. Intelligent et courageux, il ne craint pas d'affronter le gros bétail. Fidèle et rempli de douceur, il est très apprécié comme chien de compagnie ou comme chien de sauvetage. Excellent chien de garde qui préfère la vie au grand air. Souvent entêté, il a besoin d'une éducation ferme.

Voir aussi

Lien interne

* Liste des races de chiens

Lien externe

* [PDF] Le standard de la race sur le site de la Société Centrale Canine [1]

References

[1] http://www.scc.asso.fr/mediatheque/standards/194.pdf

Berger_blanc_suisse

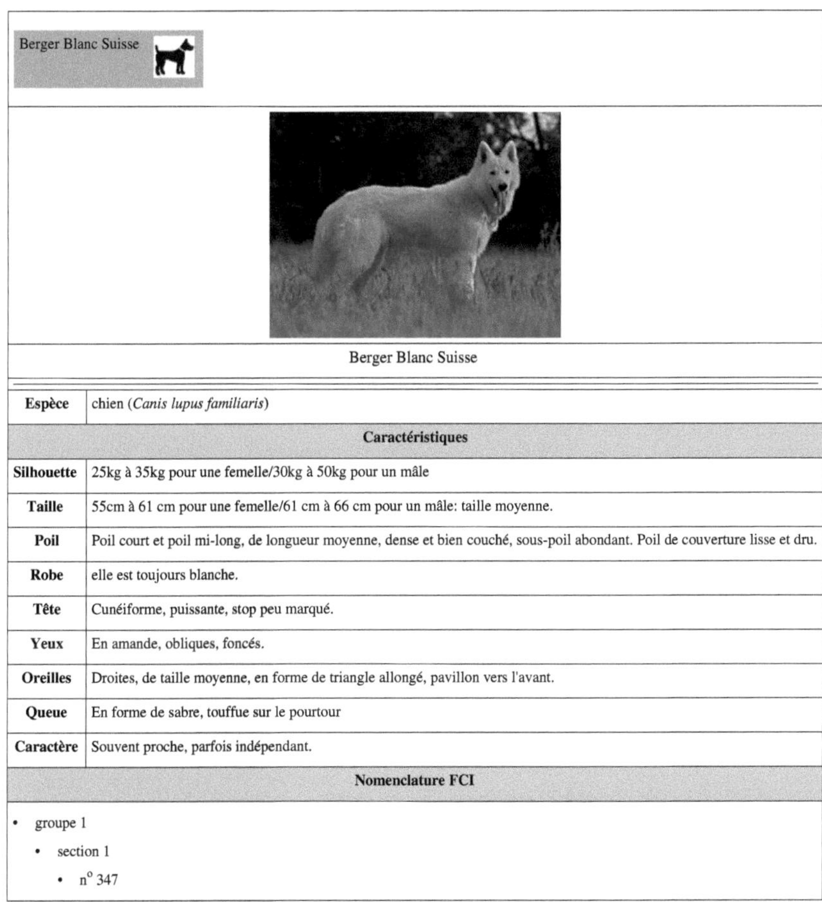

Berger Blanc Suisse

Espèce	chien (*Canis lupus familiaris*)
Caractéristiques	
Silhouette	25kg à 35kg pour une femelle/30kg à 50kg pour un mâle
Taille	55cm à 61 cm pour une femelle/61 cm à 66 cm pour un mâle: taille moyenne.
Poil	Poil court et poil mi-long, de longueur moyenne, dense et bien couché, sous-poil abondant. Poil de couverture lisse et dru.
Robe	elle est toujours blanche.
Tête	Cunéiforme, puissante, stop peu marqué.
Yeux	En amande, obliques, foncés.
Oreilles	Droites, de taille moyenne, en forme de triangle allongé, pavillon vers l'avant.
Queue	En forme de sabre, touffue sur le pourtour
Caractère	Souvent proche, parfois indépendant.
Nomenclature FCI	

- groupe 1
  - section 1
    - n° 347

Le **berger blanc suisse** (ou parfois appelé **berger suisse**), est un chien de type berger allemand, mais de couleur blanche.

Histoire

La couleur blanche est une couleur typique et ancienne des chiens de berger. Au départ de l'élevage du berger allemand, la disposition à avoir des poils blancs était même très répandue. Auparavant, le berger blanc suisse était appelé berger suisse, mais en raison de la couleur blanche de sa fourrure, son nom est devenu "Berger blanc suisse"[réf. nécessaire].

En 1899, le premier berger allemand a été enregistré dans le livre d'origine du club de bergers allemands (SV). On sait que le grand-père de ce chien nommé «Horand von Grafath» était un chien de berger tout blanc appelé «Greif».

En 1913, le premier berger blanc a été enregistré dans le livre d'origine des bergers allemands. Dès 1933, la couleur «blanche» fut interdite dans le standard des bergers allemands. Dès lors, le «berger allemand blanc» fut interdit d'élevage et d'exposition. La plupart des chiots blancs furent tués immédiatement après leur naissance. Le «berger allemand blanc» a pu survivre grâce aux nord-américains qui ont continué l'élevage. C'est en 1964 que se forme, en Californie, le premier club de berger blanc, cela afin de défendre et préserver la race.

En 1967 Madame Agatha Burch importa le premier chien des États-Unis : «Lobo White Burch» était né le 5 mars 1966 avant que l'American Kennel Club (AKC) ait rayé le «berger allemand blanc» de son livre de races. Pour cette raison, il a pu être enregistré dans le livre des Origines Suisse (LOS) de la SCS sous le nom de «berger allemand blanc». Avec ce mâle et Dixi Weisse Perle et Leika.

La femelle anglaise «White Lilac of Blinkbonny» Madame Burch a fait une portée qui a pu être encore enregistrée dans l'appendice LOS. Par la suite, la Fédération cynologique internationale a fermé tous les livres de descendants aux bergers allemands blancs dans le monde. Deux portées supplémentaires de l'élevage «Shangrila's» de Madame Burch n'ont donc pas pu être enregistrées.

Novembre 2002, La FCI accepte provisoirement le Berger Blanc sous le nom de "BERGER BLANC SUISSE". Depuis 2003, la Fédération SCC reconnaît enfin la race sous le nom de Berger Blanc Suisse. Enfin, il peut obtenir le LOF. Il existe aussi une autre variété de couleur de berger suisse en noir, mais il est relativement peu répandus en France, car il a été confondu avec le groenendael.

Caractère

Le berger blanc est un chien pour tout le monde. Il aime souvent la compagnie de l'homme et il parait très attaché à celui-ci. Il est souvent un excellent compagnon de jeu tout particulièrement avec les enfants même s'il convient toujours de prendre des précautions.

Comme tous les chiens, le berger blanc doit être dressé. Beaucoup d'éleveurs ont tendance à délaisser l'imprégnation des chiots. Il est donc important de le prendre très tôt (2 mois) pour pallier ces déficits. Certains éleveurs l'ont bien compris et veillent à respecter le chien en l'habituant aux bruits de tous les jours, en lui permettant d'appréhender son environnement, en lui faisant découvrir le monde afin qu'il ne soit pas peureux.

Berger Blanc Suisse

Le berger blanc suisse est un chien des plus polyvalents. Pour l'instant, en France, les bergers blancs travaillent surtout dans les domaines suivants : chien d'accompagnement, chien sanitaire, chien de piste, chien guide d'aveugle, chien de sécurité, chien de berger, chien d'avalanches, chien de sauvetage d'eau, en agility et obéissance.

Le berger blanc suisse est officiellement autorisé au mordant depuis le 4 février 2006.

Le berger blanc est un chien souvent très dynamique, facile à dresser, et généralement très doué comme gardien de troupeau.

Où trouver un berger blanc suisse

Il faut prêter une attention particulière à votre choix pour être sûr de ne pas acheter un berger blanc croisé avec un berger belge ou un berger allemand ou encore avec un husky sibérien ou même toutes autres races.

Le mieux est donc de contacter des éleveurs, et surtout de demander à voir dans quelles conditions ont été élevés les chiots.

Voir aussi

Lien externe

- **[PDF]** Le standard de la race sur le site de la SCC [1]

Berger blanc suisse, 15 semaines

Femelle Berger blanc suisse, 9 mois

References

[1] http://www.scc.asso.fr/mediatheque/standards/347.pdf

Berger_belge_Laekenois

Le **Laekenois** est une variété de la race Berger Belge reconnue en Belgique en 1897. Ce chien est considéré comme le plus rare des bergers belges et il n'est toujours pas largement reconnu hors de son pays d'origine. Le berceau de la race se situe à Boom, près d'Anvers. Les autres représentants du Berger belge sont : le Groenendael, le Malinois et le Tervueren.

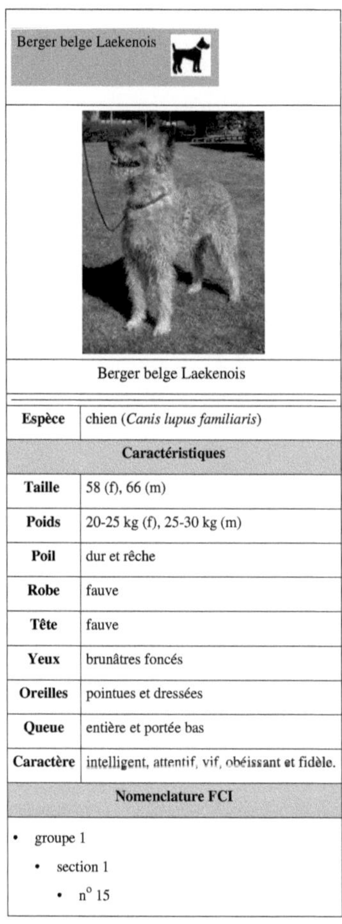

Berger belge Laekenois

Espèce	chien (*Canis lupus familiaris*)
Caractéristiques	
Taille	58 (f), 66 (m)
Poids	20-25 kg (f), 25-30 kg (m)
Poil	dur et rêche
Robe	fauve
Tête	fauve
Yeux	brunâtres foncés
Oreilles	pointues et dressées
Queue	entière et portée bas
Caractère	intelligent, attentif, vif, obéissant et fidèle.
Nomenclature FCI	

- groupe 1
  - section 1
    - n° 15

Description

Le mâle peut mesurer jusqu'à 66 cm au garrot et la femelle environ 58 cm au garrot.

Il pèse environ 30 kg.

Son poil permet de le reconnaitre sans hésitation. Sa robe est rêche et dure, ni raide, ni frisée.

La couleur est uniquement le fauve avec traces de charbonné autour de la truffe et au bout de la queue.

Il a les oreilles dressées et triangulaires, les antérieurs longs et bien musclés,

Caractère

Vif, éveillé, obéissant et très fidèle. Il est courageux, docile et intelligent. Il ressemble très peu au autres berger belge (le tervueren, le malinois et le groendael)

Utilité

C'est un chien de berger et de bouvier mais il a aussi servi à garder le lin mis à blanchir au soleil. Aujourd'hui il est chien d'utilité (pistage, garde,...) mais aussi chien de famille.

Remarque

Il était le favori de la reine Marie-Henriette de Belgique, il a été nommé d'après le château de Laeken à Bruxelles.

Source

Alderton David (2002) *Chiens*. Bordas.

Lien externe

Sur le Berger Belge Laekenois [1]

References

[1] http://www.eleveurs-online.com/standard,chiens,berger-belge-laekenois.html

Malinois_(chien)

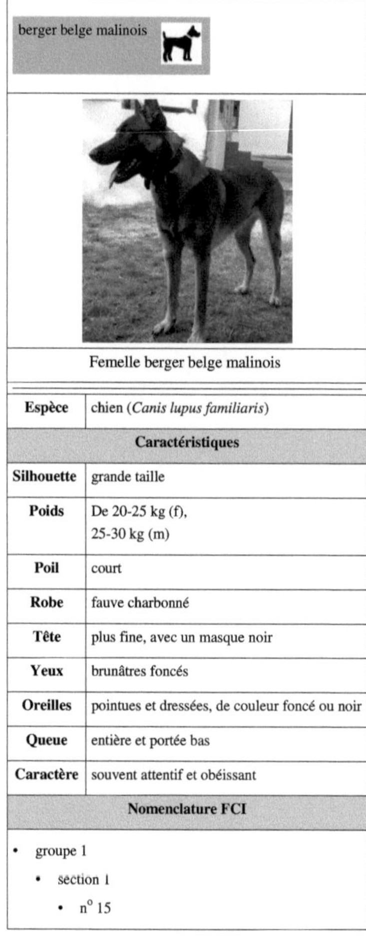

berger belge malinois	

Femelle berger belge malinois

Espèce	chien (*Canis lupus familiaris*)
Caractéristiques	
Silhouette	grande taille
Poids	De 20-25 kg (f), 25-30 kg (m)
Poil	court
Robe	fauve charbonné
Tête	plus fine, avec un masque noir
Yeux	brunâtres foncés
Oreilles	pointues et dressées, de couleur foncé ou noir
Queue	entière et portée bas
Caractère	souvent attentif et obéissant
Nomenclature FCI	

- groupe 1
  - section 1
    - n° 15

Le **malinois** est un chien qui est une des quatre variétés de chien de berger belge.

C'est le plus rustique et le plus utilisé des chiens de berger belges dans les disciplines comprenant du mordant.

Physiquement, le malinois est un lupoïde de taille moyenne, de construction médioligne, qui allie la puissance de son ossature et de sa musculature sèche à l'élégance générale de ses lignes et à la souplesse de ses allures. C'est un chien vif ayant de grandes facultés d'apprentissage : si elles sont sollicitées régulièrement, il peut devenir très obéissant. Chien au poil court de couleur fauve charbonné, c'est un chien rustique, qui nécessite peu d'entretien.

Il brille dans la majorité des disciplines agréées par la SCC (agilité, obéissance, ring, Règlement de concours international canin, pistage, décombres...).

Ces chiens sont aussi utilisés par les forces de l'ordre (police, gendarmerie) et Unités d'Intervention (GIGN, Unités Cynophiles des forces armées Françaises) pour leur rapidité sur une intervention.

Caractéristiques de personnalité

Le malinois est un chien généralement affectueux avec toute la famille. Il est souvent très protecteur et possède une grande capacité d'apprentissage. Il faut donc le dresser avec douceur mais fermeté et être vigilant afin d'éviter tout accident.

Caractéristiques physiques

La **hauteur au garrot** est en moyenne de :

- 62 centimètres pour les mâles ;
- 58 centimètres pour les femelles

avec une tolérance de + 4 cm et - 2 cm pour les mâles comme pour les femelles.

Liens externes

- [PDF] Le standard de la race sur le site de la SCC [1]

References

[1] http://www.scc.asso.fr/mediatheque/standards/015.pdf

Berger_belge

Le **berger belge** est une race de Chien de berger. La Nomenclature FCI le classe ainsi:

- Groupe I - Chiens de berger et de bouvier (sauf chiens de bouvier suisses)
- Section I - Chiens de berger avec épreuve de travail.

Physiquement, le berger belge est un lupoïde de taille moyenne, de construction médioligne qui allie la puissance de son ossature et de sa musculature sèche à l'élégance générale de ses lignes et à la souplesse de ses allures. C'est un chien vif, souvent intelligent. Il brille dans la majorité des disciplines sportives reconnues par la SCC(agilité, obéissance, ring, RCI, pistage, décombres...) Il est souvent très proche de son maître.

Groenendael

Laekenois

Malinois

Tervueren

Variétés de bergers belges

Il existe quatre variétés de bergers belges :

- Les bergers belges à poil long noir : groenendaels
- Les bergers belges à poil long autres que noirs (fauve, gris ou sable) : tervuerens
- Les bergers belges à poil court : malinois
- Les bergers belges à poil dur : laekenois

Il doit être mentionné que si, à l'heure actuelle, il existe 4 variétés de Bergers Belges il y a eu, à certaines époques, jusqu'à 8 variétés officiellement reconnues.

Standard du berger belge

TAILLE, POIDS ET MENSURATIONS :

Hauteur au garrot : la hauteur est en moyenne de: 62 cm pour les mâles. 58 cm pour les femelles. Limites : en moins 2 cm, en plus 4 cm. Poids : mâles environ 25-30 kg. Femelles environ 20-25 kg.

Le nom **Chien de berger belge** (ou **Berger belge**) peut se référer à l'une des quatre variétés: Groenendael, Laekenois, Tervueren, ou Malinois. Dans certains pays, ces quatre variètés sont considérées comme des races différentes.

La Fédération cynologique internationale (FCI) considère qu'il s'agit d'une seule race.

Le American Kennel Club (AKC) ne reconnaît que le Groenendael sous le nom de "Berger Belge", mais reconnaît aussi le Tervueren (avec l'orthographe alternative "Tervuren») et le Malinois comme des races à part entière. Le Australian National Kennel Council et le New Zealand Kennel Club reconnaissent que les quatre races distinctes. Le Club canin canadien, Kennel Union d'Afrique du Sud et la Kennel Club (UK) suivent la Fédération cynologique internationale.

Tous sont des chiens souvent intelligents de taille générale semblable. Ils ne diffèrent que par leur robe et leur apparence.

Tempérament

Les Bergers Belges ont été sélectionnés pour leur intelligence, et leur capacité à être attentif à leur entourage. Ils sont donc souvent très sociables et supportent mal la solitude répétée.

Caractère en tant qu'animal de compagnie

Son faible poids et son tempérament alerte en fait un chien d'une exceptionnelle vitalité qui demande constamment à se dépenser. Il lui faut donc un grand jardin, et une famille présente. Dans une famille, le chien s'associe un maître et se lie très fortement avec lui. Les sociétés de protection utilisent beaucoup les malinois car ils sont très vifs et obéissent très bien à leurs maîtres s'ils ont été dressés correctement.

Liens externes

- **[PDF]** Le standard de race [1]
- Union Royale des Clubs de Bergers Belges [1]
- Club Français du Chien de Berger Belge [2]
- Club Suisse du Chien de Berger Belge [3]
- Belgian Shepherd Dog Association of Great Britain [4]

References

[1] http://www.kucbh-urcbb.be/
[2] http://cfcbb.free.fr/
[3] http://www.skbs-cscbb.ch/
[4] http://www.bsdaofgb.co.uk/

Chien_de_montagne_des_Pyrénées

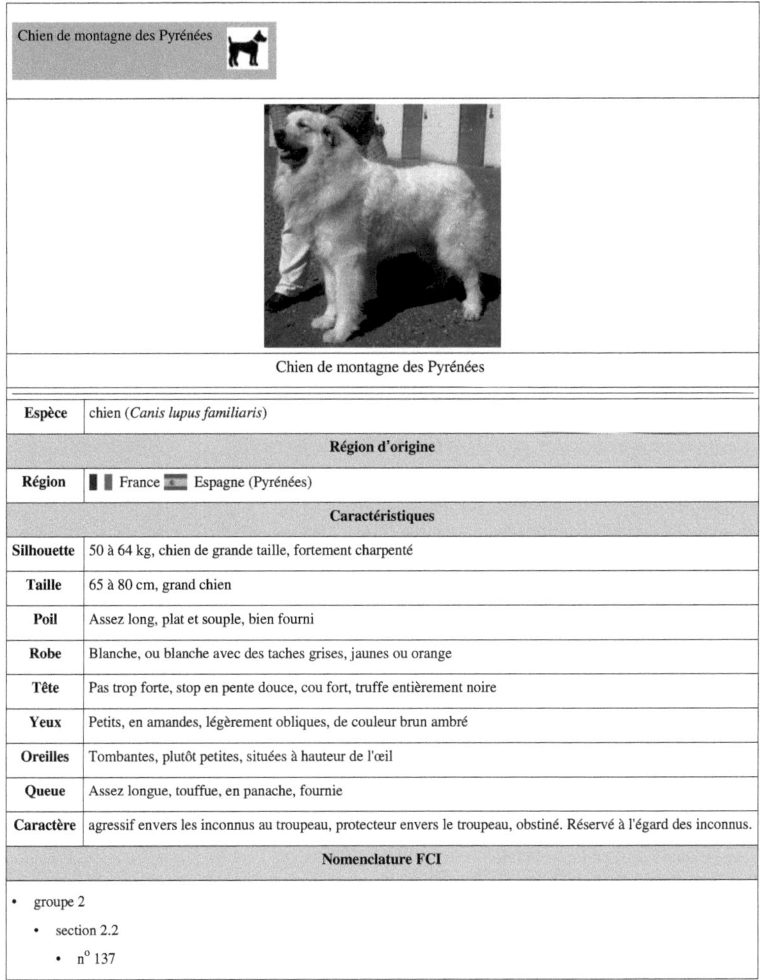

<table>
<tr><td colspan="2" style="text-align:left">Chien de montagne des Pyrénées</td></tr>
<tr><td colspan="2" style="text-align:center">Chien de montagne des Pyrénées</td></tr>
<tr><td>Espèce</td><td>chien (Canis lupus familiaris)</td></tr>
<tr><td colspan="2" style="text-align:center">Région d'origine</td></tr>
<tr><td>Région</td><td>France   Espagne (Pyrénées)</td></tr>
<tr><td colspan="2" style="text-align:center">Caractéristiques</td></tr>
<tr><td>Silhouette</td><td>50 à 64 kg, chien de grande taille, fortement charpenté</td></tr>
<tr><td>Taille</td><td>65 à 80 cm, grand chien</td></tr>
<tr><td>Poil</td><td>Assez long, plat et souple, bien fourni</td></tr>
<tr><td>Robe</td><td>Blanche, ou blanche avec des taches grises, jaunes ou orange</td></tr>
<tr><td>Tête</td><td>Pas trop forte, stop en pente douce, cou fort, truffe entièrement noire</td></tr>
<tr><td>Yeux</td><td>Petits, en amandes, légèrement obliques, de couleur brun ambré</td></tr>
<tr><td>Oreilles</td><td>Tombantes, plutôt petites, situées à hauteur de l'œil</td></tr>
<tr><td>Queue</td><td>Assez longue, touffue, en panache, fournie</td></tr>
<tr><td>Caractère</td><td>agressif envers les inconnus au troupeau, protecteur envers le troupeau, obstiné. Réservé à l'égard des inconnus.</td></tr>
<tr><td colspan="2" style="text-align:center">Nomenclature FCI</td></tr>
<tr><td colspan="2">

- groupe 2
  - section 2.2
    - n° 137

</td></tr>
</table>

Le **chien de montagne des Pyrénées** ou **montagne des Pyrénées**, appelé dans les Pyrénées **patou** (**pastou** dans le Béarn), est une race de chien.

À ne pas confondre avec le berger des Pyrénées qui est un chien plus petit.

Histoire

Depuis des temps immémoriaux, il est présent dans les Pyrénées. Au Moyen Âge, il est découvert et utilisé pour garder les châteaux et protéger les troupeaux contre les prédateurs (ours, loups, lynx et même l'homme). Il est mentionné au XIVe siècle par Gaston Phoebus. Très apprécié au XVIIe siècle, il partagea la gloire de la cour de Louis XIV.

La première description du patou apparaît dans le livre du comte de Bylandt en 1897. Le standard officiel auprès de la SCC est enregistré en 1923, à l'initiative de M. Sénac-Lagrange, membre de la Réunion des amateurs de chiens pyrénéens. Le standard actuel a très peu été modifié, seuls des détails y ont été ajoutés.

Le patou s'était fait plus rare dans les campagnes, suite à la disparition des grands prédateurs mais depuis quelque temps il suscite un regain d'intérêt auprès des bergers, suite au retour du loup dans les Alpes françaises.

Il est particulièrement connu par les séries télévisées de *Belle et Sébastien*.

Standard

Standard du chien de montagne des Pyrénées élaboré en 1923.

Tête

La tête ne doit pas paraître trop forte en comparaison de la taille. La largeur maximale du crâne est égale à sa longueur. Il est légèrement bombé du fait de la crête sagittale perceptible au toucher. La protubérance occipitale étant apparente, le crâne en sa partie postérieure a une forme ogivale. Les arcades sourcilières ne sont pas marquées, le sillon médian est à peine perceptible au toucher entre les yeux. Le stop est en pente douce.

Le Chien de Montagne des Pyrénées, 2,5 ans

Le museau est large, légèrement plus court que le crâne, s'amenuisant progressivement vers son extrémité. Vu de dessus il a la forme d'un V à la pointe tronquée. Il est bien rempli sous les yeux. La truffe est entièrement noire. Les babines sont peu tombantes et recouvrent juste la mâchoire inférieure. Elles sont noires ou très fortement marquées de noir, ainsi que le palais. La denture doit être complète, les dents saines et blanches. Les incisives supérieures recouvrent les incisives inférieures sans perte de contact.

Les yeux sont plutôt petits, en amande, légèrement obliques, d'expression contemplative et de couleur brun ambré. Les paupières ne sont jamais lâches, elles sont bordées de noir. Le regard est doux et rêveur. Les oreilles sont placées à hauteur de l'œil, assez petites et de forme triangulaire, elles s'arrondissent à leur extrémité. Elles tombent à plat contre la tête, et sont portées un peu plus haut lorsque le chien est en éveil.

Le cou est fort, assez court, avec des fanons peu développés.

Les défauts de la tête sont les suivants :

- Tête trop lourde, de forme rectangulaire.
- Crâne trop large, front bombé.
- Stop trop marqué ou inexistant.
- Lèvres trop descendues formant babine.
- Pigmentation insuffisante de la truffe, du bord des paupières et des lèvres.
- Yeux ronds, clairs, enfoncés ou proéminents, trop grands ou trop petits, trop rapprochés ou trop écartés. Troisième paupière visible. Expression dure.
- Oreilles larges, longues, papillotées, plissées, portées rejetées en arrière, attachées haut.

Corps

Le chien de montagne des Pyrénées mesure de 70 à 80 cm au garrot pour les mâles et de 65 à 75 cm pour les femelles. Une tolérance de 2 cm au-dessus est admise pour les sujets parfaitement typés.

La longueur du corps de la pointe de l'épaule à la pointe de la fesse est légèrement supérieure à la hauteur du chien au garrot. La hauteur du sternum au sol est à peu près égale à la moitié de la hauteur au garrot mais jamais inférieure. Le garrot est large, le dos est solide. La croupe est légèrement obliques avec des hanches assez saillantes. Le flanc est peu descendu.

La poitrine est large et profonde. Elle descend au niveau du coude, pas plus bas, sa hauteur est égale ou légèrement inférieure à la moitié de la hauteur du chien au garrot. Les côtes sont légèrement arrondies.

La queue descend au moins à la pointe du jarret. Elle est touffue et forme un panache, elle est portée basse au repos, avec son extrémité formant un crochet de préférence. Elle se relève sur le dos en s'arrondissant fortement, seule son extrémité touchant le rein (en faisant la roue, « arroundera » selon l'expression des montagnards pyrénéens) quand le chien est en éveil.

Les pattes avant sont d'aplomb, forts. Le bras est musclé et de longueur moyenne, l'avant bras est droit, fort et bien frangé. L'épaule est moyennement oblique. Le pied est peu allongé, compact, avec les doigts un peu cambrés. Les postérieurs présentent des franges plus longues et plus fournies que les antérieurs. Vus de derrière, ils sont perpendiculaires au sol. La cuisse est bien musclée, pas très longue et moyennement oblique, « gigotée ». Le grasset est moyennement angulé et dans l'axe du corps.

La jambe est de longueur moyenne et forte. Le jarret est large, sec, moyennement coudé. Les membres postérieurs portent chacun des ergots doubles et bien constitués. Les membres antérieurs portent parfois des ergots simples ou doubles.

La démarche du chien de montagne des Pyrénées est puissante et aisée, jamais empreinte de lourdeur, le mouvement est plus ample que rapide, et non dénué d'une certaine souplesse, ni d'une certaine élégance. Les angulations de ce chien lui permettent des allures soutenues.

Robe

Épaisse et souple, la peau présente souvent des taches de pigmentation sur tout le corps. Le poil est bien fourni, plat, assez long et souple, assez crissant sur les épaules et le dos, plus long à la queue et autour du cou où il peut onduler légèrement. Le poil de la culotte, plus fin et plus laineux est très fourni. Le sous-poil est également bien fourni.

La robe est blanche ou blanche avec des taches d'apparence grise (poil de blaireau ou louvet) ou jaune pâle, ou orange (« arrouye ») en tête, aux oreilles et à la naissance de la queue et parfois sur le corps. Les taches poil de blaireau sont les plus appréciées.

Caractère

Au sein d'un troupeau, c'est un gardien remarquable. Son rôle n'est pas de rassembler les moutons mais de les protéger. Pour ce faire, on l'habitue très tôt à vivre avec eux, de sorte qu'il les considère ensuite comme sa famille. Si le chien détecte un intrus, il aboie et s'interpose entre le troupeau et ce qu'il considère comme une menace. Il faut pourtant faire très attention en montagne, car étant très protecteur pour le troupeau, il n'hésite pas à mordre les promeneurs qui passeront à proximité.

Au sein d'une famille, c'est un animal qui est naturellement un bon gardien, du fait de son caractère protecteur. Il possède un grand sens de la famille et sait très bien reconnaître des amis qu'il n'a pas vus depuis longtemps. Très doux avec les enfants et plutôt placide, il est cependant peu adapté à la vie citadine. C'est en effet un chien qui a besoin d'espace et dont l'aboiement puissant peut se révéler une source de gêne pour les voisins.

Un chiot de race montagne des Pyrénées âgé de deux mois

Santé

Cette section est vide, insuffisamment détaillée ou incomplète. Votre aide [1] est la bienvenue !

Le chien de montagne des Pyrénées peut présenter des problèmes au niveau des hanches, et plus rarement des coudes, souvent d'origine génétique. Comme tout chien de race géante : OCD, osteochondrite disséquante des épaules, unilatérale ou bilatérale. Luxation de rotule, unilatérale ou bilatérale. Entropion aux yeux.

Vers 10 ans ou voire un peu avant, le chien peut avoir des becs de perroquet qui poussent sur la colonne et peuvent amener une paralysie totale des membres ; à faire vérifier chaque année.

Divers

Les différents chiens de montagne des Pyrénées

Le patou est souvent confondu avec le labrit ou berger des Pyrénées, considéré aujourd'hui comme le plus ancien chien de berger français (il fut exposé en 1921).

- Caractéristiques : c'est, contrairement au patou (grand chien de garde), un chien de taille moyenne (de 40 à 50 cm), de physionomie légère. Sa tête ressemble à celle de l'ours brun, avec une truffe noire, des yeux marron aux paupières cernées de noir et des oreilles droites. Il possède, en outre, des membres nerveux et musclés. Son poil est long et raide, épais et laineux sur le dos. La robe peut être de couleur grise, gris argent, blanc/jaune avec des graduations variées.

- Aptitudes: Le Labrit a la réputation d'être un chien vif, audacieux et intelligent mais aussi rustique (rarement malade, résistant non seulement aux intempéries, mais aussi à des maladies comme celle de Carré) et résistant. Il supporte la faim pendant plusieurs jours, car il est réputé brouter de l'herbe (qui sans vraiment le nourrir, trompe sa faim). Aussi, il n'est pas rare de voir dans un même troupeau, spécialement en Espagne, un Berger et un Montagne des Pyrénées, car ils ont deux fonctions fort distinctes.

Emplois: utilisé pendant les guerres comme chien de guerre mais uniquement pour la recherche des blessés, aujourd'hui il se distingue comme un excellent chien de berger. Sa vivacité et sa fidélité en font également un chien de compagnie très apprécié.

Voir aussi

- Réunion des amateurs de chiens pyrénéens
- Belle et Sébastien
- Tadakichi, dans la version originale d'Azumanga daioh, est un chien de montagne des Pyrénées.
- Berger des Pyrénées
- Mâtin des Pyrénées, son cousin espagnol

Bibliographie

- Antonio Guardamagna, Le chien de montagne des Pyrénées, De Vecchi, 1995 (ISBN 2732821357)

Liens externes

- Le standard de la race sur le site de la SCC [2]
- Site officiel de la Réunion des amateurs des chiens pyrénéens [3], le club de race français.

References

[1] http://en.wikipedia.org/wiki/Chien_de_montagne_des_pyr%C3%A9n%C3%A9es

[2] http://www.scc.asso.fr/mediatheque/standards/137.pdf

[3] http://www.chiens-des-pyrenees.com/

Berger_allemand

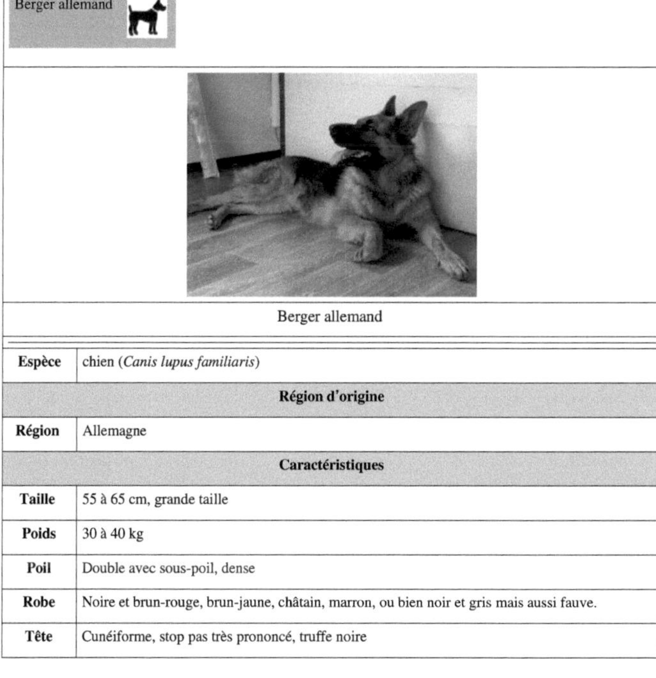

Berger allemand

Espèce	chien (*Canis lupus familiaris*)
Région d'origine	
Région	Allemagne
Caractéristiques	
Taille	55 à 65 cm, grande taille
Poids	30 à 40 kg
Poil	Double avec sous-poil, dense
Robe	Noire et brun-rouge, brun-jaune, châtain, marron, ou bien noir et gris mais aussi fauve.
Tête	Cunéiforme, stop pas très prononcé, truffe noire

Yeux	En amandes, obliques, noisette, foncés (marron presque noir) parfois mais rarement marron clair
Oreilles	Droites, de taille moyenne, pavillon vers l'avant
Queue	Portée tombante décrivant une légère courbe
Caractère	courageux et protecteur, joueur.
Nomenclature FCI	

- groupe 1
  - section 1
    - n° 166

Le **berger allemand** est une race de chiens tirant son nom de son pays d'origine, l'Allemagne, où elle est apparue à la fin du XIXe siècle. La fédération cynologique internationale le reconnaît sous le nom de **deutscher Schäferhund**.

Histoire

Le Berger Allemand est un chien docile.

En 1878, les éleveurs allemands de chiens à aptitudes bergères réalisent une première tentative de regroupement dans un but d'amélioration de leurs chiens. Ceux-ci sont très variés d'un point de vue phénotypique, notamment selon les régions : par exemple, le type Wurtemberg porte les oreilles droites, alors que celui de Thuringe a les oreilles tombantes. Il existe également des chiens différents en Bavière ou dans la Hesse. Mais leur principal point commun est leur caractère qui fait d'eux de bons gardiens de troupeaux et de biens : intelligence, obéissance, vigilance, incorruptibilité. On retrouve également chez tous robustesse et rusticité puisque jusqu'alors la sélection empirique qui a été réalisée ne visait qu'à obtenir de bons chiens de travail. En 1891, les éleveurs, et notamment le comte von Hahn et le capitaine Riechelmann, établissent un premier livre généalogique et tentent d'établir une société, le Phylax, mais le projet n'aboutit pas.

C'est le capitaine de cavalerie Max Emil Frédéric von Stephanitz qui sera le véritable « père » de la race. Après avoir longtemps admiré les aptitudes des chiens de berger, il décide d'en acheter un le 3 avril 1899. Son nom d'origine est Hektor von Linksrhein qu'il rebaptisera ensuite Horand von Grafath. Celui-ci est gris et jaune, plutôt de type berger de Thuringe (mais à oreilles droites). Von Stephanitz et Arthur Meyer créent ensuite le club de race le 22 avril 1899 à Karlsruhe (« Verein für deutsche Schäferhunde » ou *SV*), le capitaine sera à sa tête pendant trente-cinq ans.

Le 28 septembre 1899 est publié le premier standard de la race, et en 1900, Horand inaugure le livre des origines du SV (« Zuchtbuch »).

Ce qui fera plus tard la force de la race, c'est la largesse de ses dirigeants dans la première définition du berger allemand : « tout chien de berger vivant en Allemagne qui, grâce à un exercice constant de ses qualités de chien de berger, atteint la perfection de son corps et de son psychisme dans le cadre de sa fonction utilitaire ». Les buts sont clairs, c'est donc par et pour le travail que la sélection du berger allemand commence.

Le club présente rapidement une activité importante et organisée. Dès 1902 un journal est édité pour tous ses membres, et en 1903 un registre de sélection voit le jour avec la compilation des performances des reproducteurs. Les progrès seront rapides car bien dirigés à l'échelon national et bien suivis par les efforts des éleveurs (1215 membres en 1906). On commence à rechercher des femelles du même type et à organiser des expositions pour uniformiser la race, et notamment une exposition nationale d'élevage qui permet à tous les éleveurs du pays de choisir des reproducteurs homogènes.

Peu à peu on trouva au berger allemand d'autres utilités que la garde des troupeaux (ceux-ci ayant vu leur effectif diminuer). Ses qualités de robustesse, son flair hors pair et son obéissance à toute épreuve encouragèrent la police allemande à l'utiliser. En 1914, le SV et l'armée organisent une démonstration des possibilités du berger allemand en temps de guerre, à laquelle il paya ensuite un lourd tribut.

Adolf Hitler a possédé un premier berger allemand nommé « Prinz » dès 1921. Cependant, durant ses années de difficultés économiques, il fut forcé d'envoyer le chien vivre ailleurs ; celui-ci s'échappa et rejoignit son maître. Hitler développa dès lors un grand respect pour cette race de chiens[1] . Il posséda par la suite une chienne berger allemand nommée Blondi qui lui fut offerte en 1941.

En 1922, l'examen de Körung[2] est mis en place pour la sélection des reproducteurs ; ceux qui sont déclarés aptes à la reproduction sont inscrits dans le registre Körbuch. En 1926, le livre des origines compte déjà 346000 chiens inscrits. Dans les années 1950, l'épreuve du coup de feu[3] et le test de caractère font leur apparition. Le SV est renommé pour le dirigisme qu'il impose à l'élevage : nombre de saillies limité, choix de l'étalon en accord avec le surveillant d'élevage, interdiction de faire saillir une femelle recommandée par un mâle non recommandé, etc. Toutes ces mesures visent à guider la sélection pour le mieux.

Katzmair et Funk succèdent à von Stephanitz, puis le Dr Rummel en 1971. En 1974, est créée l'Union mondiale des Associations de Berger Allemand (WUSV), grâce à la volonté de regroupement du Dr Rummel, qui encourageait « un dialogue fructueux, aussi bien pour l'élevage que pour l'utilisation ». En 1982, Hermann Martin (élevage von Arminius) devient président du SV. Le premier championnat de travail WUSV se déroule à Munster du 16 au 18 septembre 1988. En 1994, Peter Messler prend la tête du SV jusqu'en décembre 2002 ; lui succède alors Wolfgang Henke. Les membres du club font preuve de beaucoup de motivation et de dynamisme pour voir évoluer leur race. Ils se retrouvent très fréquemment lors de réunions pour parler de leurs chiens.

En France

Dès 1910, l'importation de bergers allemands commence en France et augmente d'année en année : 4132 chiens arrivent en France au cours du premier semestre 1912. C'est Georges Barais (élevage de Beauchamps) qui tiendra une place capitale pour le berger allemand en France. Il crée en 1913 le club du berger d'Alsace puis, en 1920, la Société du Chien de Berger d'Alsace (SCBA) qui structure réellement l'élevage. Dès sa constitution, celle-ci édite un bulletin mensuel malgré les faibles moyens de l'époque. Le 7 mars 1920 une première exposition de berger d'Alsace a lieu à Bordeaux, jugée par Georges Barais, et le compte-rendu de la journée est déjà disponible dans le bulletin du 1er avril.

Ce n'est que le 8 octobre 1922 que les Français reconnaissent officiellement l'origine allemande de leur chien favori (ils considéraient auparavant que cette race française avait été volée par les Allemands en 1870) et la SCBA devient la Société du Chien de Berger Allemand. Elle tient son livre d'élevage et publie des pedigrees jusqu'en 1958 (création de la SCC). Lorsque Georges Barais disparaît en 1955, c'est Marcel Olive (élevage de Fort-Réal) qui lui succède.

La SCBA a été et reste le premier club de race français. Elle aligne sa politique d'élevage sur le pays d'origine pour obtenir les meilleurs résultats possibles.

En France, la première exposition nationale d'élevage a lieu en 1958 à Vichy, avec rapidement l'instauration des tests au coup de feu et des dépistages de la dysplasie de la hanche. Depuis 1978, un test de caractère est également mis en place. Ce rassemblement fut d'abord dénommé « exposition principale d'élevage », avant de devenir en 1987 l'« exposition nationale d'élevage » (définition de la SCC). Depuis 1989, elle a lieu chaque année en un lieu différent.

En Italie

En Italie, le premier berger allemand s'appelait *Olaf von Hoharen Fichte*, et fut importé en 1949 par Danzio Gobbi (titulaire de l'élevage de l'Alta Quercia, il importa aussi par la suite le célèbre Mutz von Pelztierfarm). À la même date, Leonardo Gatto Roissard (élevage di Casa Gatto) et le Dr Ignazio Barbieri fondèrent le club du berger allemand à Milan, transféré ensuite à Modène en 1969 par le Dr Walter Gorrieri (élevage di Val del Tiepido). Ce dernier constitua en 1977 le SAS (Società Amatori Schaferhünde), qui est le club de race actuel. Le nombre d'inscription au LOI[4] passa de 2492 en 1949 à 5222 en 1969. C'est dans les années 1970 que les chiffres explosent : 28857 naissances en 1976. Ce nombre record a ensuite subi une diminution et s'est stabilisé depuis les années 1990.

Les élevages cités sont ceux qui ont le plus marqué les années de 1965 à 1975 ; plus tard on peut noter l'importance des affixes : di Cà San Marco (F. Dolci), del Catone (S. Capetti), di Casa Mary (W. Pagin), d'Ulmental (Francioni). Le président du SAS en 2003 est Ezio Roman, presque 6000 membres y sont inscrits.

L'Italie a vu naître plusieurs grands champions et même plusieurs « Auslese[5] » allemands, le plus célèbre étant certainement *Max della Loggia dei Mercanti*. L'élevage italien le plus présent actuellement au niveau international est certainement della Valcuvia de Luciano Musolino, surtout grâce au chien *Dux*, qui a obtenu le titre d'« Auslese » en Allemagne en 2001.

Aux États-Unis

Aux États-Unis, il semble que le premier berger allemand ait été ramené sur ce continent par le sergent Lee Duncan, qui avait vu les exploits de ce chien pendant la Première Guerre mondiale. La race atteint toute sa notoriété grâce au succès de son chien dans la série *Rusty et Rintintin*.

Le club fut fondé en 1913 par S. Hastead Yates. Il mena une politique différente de celle des Européens en privilégiant la beauté au travail. Avec 25000 inscriptions au livre des origines en 1926 et plus de 100000 en 1970, on peut dire que le berger allemand y tient aussi une place très importante.

En Espagne

En Espagne, le club de race du berger allemand (*El Club Español del Perro de Pastor Alemán* - C.E.P.P.A.) fut fondé par un groupe de trente personnes le 28 janvier 1978 [6] , avec comme premier président le juge Andres Choclan Martos. En 1988, il comptait 2286 membres. En 2001 le président est Manuel Martin Rodriguez et il compte 5000 adhérents. Les éleveurs espagnols ont su utiliser des reproducteurs d'origines variées : allemands, italiens, français, puis espagnols.

Description

Le berger allemand est un chien à la fois très sportif et élégant, grâce à sa taille souple. Son pelage est dense, rude et droit. Sa robe est noire-marron-fauve, noire ou encore grise. Sa truffe est foncée (noire), ses yeux en amande de couleur brune et ses oreilles droites. Sa queue est tombante, touffue. Il existe deux variétés également reconnues : à poils courts ou à poils longs.

Berger allemand à la montagne

Les bergers allemands sont des chiens très polyvalents composés de deux lignées :

- la lignée dite de *travail* : chien de garde, chien policier, pompiers, chien d'avalanches, aide aux handicapés, chiens guide d'aveugle, etc. mais encore de compagnie.

- la lignée dite de *beauté* (pour les concours canins). Le standard exigeait depuis les années 1960 qu'ils aient le dos courbé, c'est-à-dire les pattes arrière situées bien plus bas que les pattes avant, d'où l'affection fréquente dont ils sont atteints : la dysplasie de la hanche.

Depuis peu, un retour des standards vers une race plus solide devrait rendre au berger allemand sa totale polyvalence.

Les mâles ont une taille d'environ 60 à 65 cm au garrot et les femelles entre 55 à 60 cm au garrot. Le poids varie de 30 à 35 kg pour la femelle et de 35 à 40 kg pour le mâle.

Caractère

Le berger allemand bien dressé est obéissant. Il fait souvent preuve d'une grande intelligence. Il peut aussi être un très bon chien de garde. Bien éduqué il n'aboiera qu'à bon escient.

Il faut le dresser fermement mais sans brutalité, car sous des abords parfois impressionnants et dissuasif c'est un grand sensible. Il supporte mal la solitude.

C'est un chien d'extérieur, qui apprécie les grands espaces et l'exercice. Il est sportif, et a besoin de se dépenser régulièrement.

À l'âge adulte le berger allemand est souvent un chien très attaché de « sa famille », il protège donc instinctivement les enfants.

Utilisation

Un exemple célèbre en est le chien Rintintin, chien de fiction, à l'origine un chien réel. Dans la série télévisée de 1950, le chien Rintintin est à la fois chien de l'armée et le chien personnel d'un petit garçon. À ces titres, il effectue des missions très diverses : pistage, surveillance, assistance... voire portage, tout en restant aussi un « chien au foyer ». Le berger allemand est un chien de travail, utilisé comme guide d'aveugles, il est aussi capable de retrouver des rescapés victimes d'avalanches ou de tremblements de terre comme en Haïti récemment, son flair est aussi utilisé pour retrouver de la drogue ou des explosifs.

Le berger allemand accompagne son maître n'importe où, ainsi il peut être parachuté afin de pouvoir effectuer des interventions particulièrement délicates.

Cette polyvalence est le résultat d'une grande complicité entre le maître et son chien, ce qui en fait un excellent chien de garde puisqu'il défendra les biens et la famille de son maître. Ainsi l'éducation du berger allemand est un fondamental à ne surtout pas négliger.

Problèmes de santé courants

Cette section est vide, insuffisamment détaillée ou incomplète. Votre aide [7] est la bienvenue !

- Syndrome de dilatation-torsion gastrique : retournement de l'estomac, ceci se produit principalement si le chien se met à l'effort après avoir mangé, il est donc indispensable de lui donner sa nourriture en fin de journée, avant de dormir, afin qu'il ait le temps de digérer. Cette complication peut être soignée à condition qu'elle soit prise en charge rapidement, mais, elle est très couramment mortelle. De plus, si le chien en est atteint, les facteurs de risque que le chien meure d'un retournement de l'estomac en sont décuplés.
- Dysplasie de la hanche: une dysplasie est une malformation ou déformation résultant d'une anomalie du développement d'un tissu ou d'un organe. Chez le Berger Allemand, c'est une affection héréditaire. On peut la détecter par la radiographie, ou la prévenir en choisissant les reproducteurs : l'inclinaison du dos, recherchée jusque récemment par les standards de la race, est un facteur facilitant ou aggravant.
- Myélopathie dégénérative du Berger Allemand

Voir aussi

Références

[1] **(en)** Antony Beevor ; *Berlin: The Downfall 1945* ; Viking Books, 2004 ; (ISBN 9780670886951). Page 357

[2] L' examen de sélection (http://www.lebergerallemand.net/korung.html) pour obtention de la « licence » (*Körung* en allemand) est une série d'épreuves et de mesures permettant d'éliminer de la reproduction les sujets présentant des imperfections morphologiques, anatomiques, psychologiques, etc. Selon les résultats, les sujets sont répartis en deux classes ou éliminés.

[3] Épreuve du coup de feu : test de non émotivité (http://www.berger-allemand.com/standard/tan.htm)

[4] http://www.kidiwah.com/download/lexique_cynophile.pdf Livre des Origines Italien

[5] Le qualificatif « Auslese » est attribué tous les ans lors des Nationales d'Élevage des différents pays aux meilleurs chiens des classes "ouverte" mâles et femelles, sur décision du juge qui décèle en eux des qualités plus qu'excellentes, voire exceptionnelles

[6] http://www.ovejeroaleman.com/siegerschau/usa/catalogo_siegerschau_2001.pdf Catalogo Siegerschau 2001

[7] http://en.wikipedia.org/wiki/Berger_allemand

Liens internes

- Rex, chien flic : série télévisée
- Rintintin : chien de fiction
- *Rintintin* : série télévisée
- Mascottes de 30 millions d'amis
- Blondi Hitler

Liens externes

- **[PDF]** Le standard de la race sur le site de la Société centrale canine (http://www.scc.asso.fr/mediatheque/standards/166.pdf)

Berger_australien

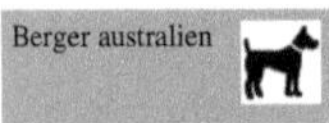

Berger australien

Photo d'un berger australien « Rouge tricolore »

Espèce	chien (*Canis lupus familiaris*)
Caractéristiques	
Taille	mâle: 51.0 à 58.0 cm, femelle: 46.0 à 53.0 cm
Poids	20 à 30 kg
Poil	Texture et longueur moyennes. Droit à ondulé.

Robe	Bleu-merle, noir tricolore, rouge-merle, ou rouge tricolore.
Tête	Crâne aussi large que long, stop modéré, bien défini.
Yeux	En amande: de couleur marron, bleu, vert ou ambre ou vairons ou hétérochrome; les deux petites tâches feu sur les yeux du berger australien pour toutes les robes sont caractéristiques et les plus souvents obligatoires, sinon, il peut constituée un rare défaut s'il n'en possède pas.
Oreilles	Tombantes, attachées haut, triangulaire.
Queue	Longue, parfois courte ou écourtée.
Caractère	Endurant, souvent attentif.
Nomenclature FCI	

- groupe 1
  - section 1
    - n° 342

Le **berger australien** est une race de chien de berger. La Fédération cynologique internationale l'a enregistré sous le nom de **australian shepherd**, comme une race reconnue provisoirement depuis 1996 et définitivement depuis juin 2007. Son standard est attribué aux États-Unis avec une modification concernant la queue pour les standards européens.

De gauche à droite: noir tricolore, rouge-merle, bleu-merle, rouge tricolore

Histoire

Malgré son nom, il n'est pas originaire d'Australie, son origine véritable serait Basque et le pays de développement est l'Amérique du Nord (Usa) qui en détient le standard.

Les Basques étaient un peuple de pasteurs. Ils avaient des chiens ressemblant beaucoup à notre Berger Australien, depuis des centaines d'années. Ils vivaient dans une région montagneuse entre la France et l'Espagne. Beaucoup ont émigré vers d'autres régions à la recherche d'un emploi, emmenant leurs chiens avec eux. Certains l'ont fait vers l'Australie lorsque ce pays a été connu comme producteur de moutons et de laine. Les compétences de ces pasteurs et de leurs chiens y furent très prisées.Vers les années 1900, certains sont venus d'Australie vers les Etats-Unis (Californie) avec leurs chiens et leurs moutons.

Les fermiers américains ont alors développé cette race, immédiatement appréciée pour son agilité. Comme ce chien arrivait d'Australie, ils l'ont nommé "australian sheperd dog" (ou australian shepherd"), souvent abrégé en aussie que l'on surnomme aujourd'hui. La race revient en France dans les années 1980 et la société centrale canine reconnait son standard en 1996. À l'heure actuelle, c'est un chien très utilisé aux États-Unis pour la conduite des troupeaux, notamment ovins. En France, la race se développe et en 2000 on comptait plus de 1700 individus recensés. Cousin du berger allemend

Couleurs

Il existe seize couleurs de robe chez le berger Australien. Les quatre robes les plus vues sont :

- Noir Tricolore (robe noire avec panachures blanches et feu)
- Bleu merle (gêne de "merling", qui dissout une partie de la couleur noire et qui donne une impression de tacheté argentée ; par chien bleu merle on entend en réalité avec blanc et feu
- Rouge Tricolore (robe rouge (marron en terme profane), plus ou moins soutenue, avec panachures blanches et feu)

Chiots de 2 mois : Noir tricolore et rouge tricolore

Berger australien fp - Chiot de 4 mois - Rouge tricolore.

- Rouge merle (gêne de "merling", qui dissout une partie de la couleur rouge, c'est-à-dire marron) et qui donne une impression de tacheté rosé ; par chien rouge merle on entend en réalité avec blanc et feu.

En plus de ces coloris qui représente 99 % des robes en France, il existe également des robes particulières et rares :

- 4 robes identiques aux précédentes SANS blanc
- 4 robes identiques aux précédentes SANS feu

Ces 8 robes précédentes s'appellent bicolore.

- 4 robes identiques aux précédentes SANS blanc NI feu (ex-le noir seul est appelé zain ou le rouge seul est appelé marron).

L'accouplement de deux parents "merles" (qu'ils soient rouge merle ou bleu merle) a pour potentialité la naissance de chiots avec de graves soucis de santé ; c'est-à-dire cécité et/ou surdité. En effet le gène "merle" est dominant et létal à l'état homozygote. Ce mariage est déconseillé par le club de race officiel de la SCC.

L'accouplement doit être précédé de contrôle des parents : Au minimum, tests oculaires et radiologiques de la dysplasie de la hanche.

La race est peu touchée par ces affections et le restera pour peu que les éleveurs occasionnels ou professionnels continuent ces tests et écartent de la reproduction les sujets atteints.

Caractère

Le berger australien est un chien vif, très adapté aux maîtres sportifs et reconnu pour sa rapidité. Ces qualités en font un chien très adapté à la conduite des troupeaux (bovins, ovins, à plumes, etc.) ou à des disciplines sportives comme le cani-cross ou l'agility, ainsi que pour le cavage ou bien la fouille de décombres.

C'est aussi un chien sociable, qui tolère très bien ses congénères et s'adapte bien à une vie en famille avec des enfants. Il s'agit d'un chien très attachant à déconseiller à des acheteurs d'un premier chien et également aux personnes trop sédentaires. C'est un chien très affectueux, et même parfois envahissant (il déteste la solitude), une fois qu'il a bien compris qui détenait l'autorité. À déconseiller aux personnes trop sédentaires, car il a besoin de beaucoup d'activité physique pour être heureux, c'est-à-dire que déambuler dans un jardin aussi grand soit-il ne l'amuse guère, au contraire d'accompagner son maître dans ses activités sportives : *trail running*, ski de fond, VTT, équitation avec des programmes de plusieurs dizaines de kilomètres par semaine, pour lesquels il est vraiment adapté.

Santé

Plusieurs problèmes de santé peuvent toucher le berger australien, notamment des problèmes de dos, de hanches et des tares oculaires[1] . La race est également concernée par des problèmes d'épilepsie. Des études ont démontré qu'un mariage merle x merle donnera 25 % de chiots risquant de naître aveugles et/ou sourds ou de le devenir (le "blanc envahissant" est à l'origine d'une dégénérescence des vaisseaux sanguins irriguant rétine et cochlée)[2] .

Mortalité

En 1998, une enquête internet réalisée sur 614 bergers australiens a estimé leur espérance de vie moyenne à 12 ans et demi, cependant ce chiffre pourrait baisser à l'avenir[3] : selon une autre étude réalisée au Royaume-Uni en 2004, l'espérance de vie se situerait plutôt autour de 9 ans, mais les témoignages recueillis ne concernaient que 22 chiens[4] .

La durée de vie moyenne de chiens de races de taille similaire au berger australien se situe entre 11 et 13 ans[5] . De ce fait, si l'on part du principe que les résultats de l'étude faite au Royaume-Uni ne sont pas représentatifs de l'ensemble de la population, l'espérance de vie de l'aussie concorderait avec celle de chiens de même taille. Les principales causes de décès répertoriées dans l'étude réalisée au Royaume-Uni étaient le cancer (32 %), plusieurs causes réunies (18 %), et la vieillesse (14 %).

Maladies

Une enquête réalisée sur 48 chiens a permis d'identifier les problèmes de santé les plus fréquemment constatés par les propriétaires : il s'agit de tares oculaires comme l'œil rouge, l'épiphora, la conjonctivite ou les cataractes[4] . Les problèmes dermatologiques et respiratoires sont également répandus.

L'anomalie de l'œil du colley (AOC) et les cataractes sont deux vraies sources d'inquiétude[6] pour les amoureux de la race. On peut également citer le colobome irien, la dysplasie de la hanche, l'anomalie de Pelger-Huet, l'hypothyroïdie, et les dermatites nasales liées aux radiations solaires (appelées aussi « nez de colley »). Avant de penser à la reproduction, il est préférable de réaliser des radios de dépistage de la dysplasie du coude et de la hanche, et de faire les tests ADN qui permettront de déterminer si le chien est concerné par la mutation du gène MDR1, par la cataracte héréditaire, ou par l'AOC. Parmi les examens effectués devraient aussi figurer ceux qui diagnostiqueront une éventuelle anomalie de la thyroïde, ou une autre des tares oculaires présentes chez l'aussie, comme le colobome, l'atrophie progressive de la rétine (APR), ou la dysplasie rétinienne.

Certains bergers australiens peuvent subir une mutation du gène MDR1. Celle-ci ne concerne pas que l'aussie, mais touche également le colley, le berger allemand et d'autres races de chiens de berger[7] . Pour les chiens atteints de cette mutation certains anti-parasitaires comme l'Ivermectine, ainsi que d'autres médicaments, sont toxiques[8] . Il existe des tests qui permettent désormais de savoir si le chien est porteur de cette mutation ou non[9] .

Double merle

Il arrive que certains chiots naissent « double merles », ou merles homozygotes, lorsque l'éleveur réalise un mariage merle x merle, et que les petits héritent du gène merle (le gène merle est dominant) de chacun de leurs parents[10] . En général la couleur dominante des chiens double merle est le blanc, et ils sont susceptibles de développer des troubles de la vision et de l'audition, du fait de la présence de deux copies du gène merle. Les merles homozygotes peuvent naître sourds, aveugles, développer un colobome irien ou une microphtalmie. Les merles homozygotes ne sont pas tous sujets à ce genre de problèmes, mais la plupart n'y échappent pas, ce qui rend le sujet du mariage merle x merle très délicat. Les éleveurs choisissent soit d'euthanasier les chiots présentant un blanc envahissant, soit, dans le cas d'éleveurs peu compétents, de les vendre comme des aussies « rares », sans prendre la peine de prévenir le client des risques éventuels que cela implique au niveau de la santé de l'animal. Une grande partie des chiens vendus ainsi finissent dans des refuges, au vu du peu de préparation de la famille face à la charge que représente un animal sourd et/ou aveugle. Cependant, ces chiens peuvent faire de formidables chiens de famille lorsqu'ils sont confiés à des maîtres prêts à prendre en charge leurs besoins si particuliers. Le terme « lethal white » est utilisé à tort lorsque l'on fait référence aux bergers australiens nés double merles : il s'agit en réalité d'un terme propre au syndrome du blanc létal qui touche les chevaux.

Divers

L'ASCA (Australian Shepherd Club of America) fut fondé en 1957 pour promouvoir la race. Le National Stock Dog Registry devint le registre officiel de la race, jusqu'à ce que l'ASCA prenne le relai en 1972[11] .

L'ASCA rédigea un standard de la race en 1975, décrivant les critères d'aspect et de morphologie qui définissent les bergers australiens (la conformité au standard). Cela permit de standardiser le type et d'uniformiser la race.

Aux États-Unis, l'American Kennel Club a longtemps été le principal registre des chiens de pure race. Beaucoup d'éleveurs de bergers australiens reprochèrent cependant à l'AKC d'accorder trop d'importance à la conformité au standard de race plutôt qu'aux performances, c'est pourquoi l'ASCA refusa de joindre le club. Certains éleveurs intéressés par les avantages proposés par l'AKC quittèrent l'ASCA pour créer leur propre club, qu'ils nommèrent the United States Australian Shepherd Association. Ces derniers rédigèrent leur propre standard de la race, et joignirent l'AKC en 1993.

En 2007, la Fédération Cynologique Internationale permit à la race de participer aux concours internationaux, et la classa race numéro 342 dans le groupe 1 « Chiens de berger et de bouvier ». On peut d'ailleurs noter la participation d'un berger australien de Lettonie aux championnats du monde d'agility de la Fédération Cynologique Internationale à Helsinki (Finlande) en 2008[12] .

Suite à la création du berger australien miniature, les éleveurs de l'Ouest des États-Unis travaillent aujourd'hui à la création d'une version encore plus petite de la race, appelée berger australien toy. Les mâles de cette nouvelle race pèsent de 5,5 à 7 kg. Les conséquences génétiques de l'élevage de bergers australiens mesurant le quart de leur taille standard n'ont pas encore été étudiées. La plupart des éleveurs et maîtres de bergers australiens mini et toy considèrent que leurs chiens appartiennent à des races distinctes, mais d'autres les considèrent comme des versions miniatures d'une seule et même race. En revanche, L'ASCA et l'AKC considèrent ces variétés comme des races à part entière[13] .

Notes et références

[1] **(en)** Hereditary Defects of the Australian Shepherd (http://www.asca.org/hereditarydefects) sur *asca.org*. Consulté le 23 novembre 2010

[2] **(en)** Pam Bethurum (ASCA Educational Coordinator), « Canine Epilepsy (http://www.asca.org/advancedarticles/canineepilepsy) » sur *asca.org*. Consulté le 23 novembre 2010

[3] **(en)** K. M. Cassidy, « Breed Longevity Data (http://users.pullman.com/lostriver/breeddata.htm) » sur *users.pullman.com (Dog Longevity)*, 1er février 2008

[4] **(en)** Individual Breed Results for Purebred Dog Health Survey (http://www.thekennelclub.org.uk/item/570) sur *thekennelclub.org.uk*. Consulté le 23 novembre 2010

[5] **(en)** K. M. Cassidy, « Breed Longevity Data (http://users.pullman.com/lostriver/weight_and_lifespan.htm) » sur *users.pullman.com (Dog Longevity)*, 1er février 2008

[6] **(en)** Collie Eye Anomaly (CEA) (http://www.asca.org/education/health/collieeyeanolomy) sur *asca.org*. Consulté le 23 novembre 2010

[7] **(en)** MDR1 FAQs (http://www.ashgi.org/articles/mdr1.htm) sur *ashgi.org*. Consulté le 23 novembre 2010

[8] **(en)** Problem Drugs (http://www.vetmed.wsu.edu/depts-VCPL/drugs.aspx) sur *vetmed.wsu.edu*. Consulté le 23 novembre 2010

[9] **(en)** Get Your Dog Tested (http://www.vetmed.wsu.edu/depts-VCPL/test.aspx) sur *vetmed.wsu.edu*. Consulté le 23 novembre 2010

[10] **(en)** Pam Bethurum (ASCA Educational Coordinator), « White-linked Deafness in Australian Shepherds (http://www.asca.org/advancedarticles/whitedeafness) » sur *asca.org*. Consulté le 23 novembre 2010

[11] http://www.lasrocosa.com/ascaearlyyears7274.html

[12] http://voittaja.kennelliitto.fi/EN/agilitywc2008/competitors/etusivu.htm List of teams

[13] Australian Shepherd Club of America, inc | Announcements (http://asca.org/ASCA+News/Announcements)

• **(en)** Cet article est partiellement ou en totalité issu de l'article de Wikipédia en anglais intitulé « Australian Shepherd (http://en.wikipedia.org/wiki/En:australian_shepherd) » (voir la liste des auteurs (http://en.wikipedia.

org/wiki/En:australian_shepherd))

Voir aussi

Liens externes

- **[PDF]** Le standard de la race sur le site de la SCC (http://www.scc.asso.fr/mediatheque/standards/342.pdf)
- Club français des bergers australiens (http://www.club-berger-australien.org) (Nouveau site)

Berger_belge_Groenendael

Le Groenendael est une race de chien née au début du XXe siècle. L'élevage a commencé par hasard vers 1890. Nicolas Rose, propriétaire du café restaurant "le Château de Groenendael", près de Bruxelles, éleva un chiot noir et obtint une femelle du même type. Ce couple fonda la race. C'est l'une des quatre races de chiens connues sous le nom de bergers belges, les autres étant le Tervueren, le Laekenois et le plus connu le Malinois.

Description

Groupe 1 : Chiens loups,chiens de berger et de bouvier (sauf bouvier suisse)

Section 1 : Chiens de berger

- Taille : mâle environ 62 cm au garrot (4cm en + et 2 en - sont tolérés), femelle environ 58 cm au garrot
- Poids : environ 25-30kg
- Poil et couleur : Long et abondant surtout autour du cou et des cuisses.

Le noir zain est la seule couleur acceptée par le standard de la race. De petites taches blanches non envahissantes sont tolérées au poitrail (étoile) et au bout des pattes.

Caractère

Souvent vif, et éveillé le Groenendael est comme tous les chiens, un chien qui a besoin d'activité. Certains sujets sont nerveux mais jamais agressifs. C'est un chien doté d'un des meilleurs flairs du monde canin, son intelligence et sa rapidité d'action en font un chien très apprécié.

Utilité

Au départ, c'est un chien de berger et de bouvier. Il est aujourd'hui apprécié pour la garde et la défense car il défend son maitre auquel il est très attaché, il est aussi un chien de compagnie très apprécié pour sa patience, cependant c'est un chien qui a du caractère et qui est très actif et ne convient donc pas à tous les propriétaires.

Remarque

Aux États-Unis, le Groenendael n'est reconnu que comme berger belge, tandis que le Tervueren et le Malinois le sont comme races distinctes, sous leur propre nom.

Liens externes

- Société royale Saint-Hubert [1]
- Club français du Chien Berger Belge [2]

References

[1] http://www.srsh.be/pages-fr/races/groenendael.php
[2] http://cfcbb.free.fr

Article Sources and Contributors

Komondor *Source*: http://fr.wikipedia.org/w/index.php?title=Komondor *Contributors*: Abujoy, Andrecombettes, Arnaud.Serander, Arria Belli, Babylonien86, Chtfn, Jay64, KoS, Lykos, Macassar, Sanblihac, Theus PR, 13 anonymous edits

Chien *Source*: http://fr.wikipedia.org/w/index.php?title=Chien *Contributors*: (:Julien:), -JalOmax-203-, -Roxas-, .melusin, 11tipp22, 120, 69anonyme69, 81150ericm, A2, Abrahami, Actarus Prince d'Euphor, Addacat, Adrille, Aeleftherios, Agnesdecayeux, Aimelaime, Akai tori, Albanoreau, Albinflo, Alchemica, Alecs.y, Alex-F, Alexandra Sprouse, AlfredTaupin, Alno, Alphos, Alyah, Ammer, Amstramgrampikepikecolegram, AnneJea, Antaj7co, Aqw96, Ar rouz, Archaeodontosaurus, Archimëa, Arglanir, Arnaud.Serander, Arria Belli, Arzach, Asabengurtza, Asclepias, Asram, Astirmays, AviaWiki, Axalis, B-noa, Balougador, Bapti, Baronnet, Bastien Sens-Méyé, Bazaar79, Ben23, Benoit Rochon, Bernard Déry, Bernard Perthuis, Bernardo matino, Bertrand24, Bibi Saint-Pol, Binabik155, Blub, Blue Pepper, Blufrog, Bob-chinois, Bobby nadeau, Bogros, Boretti, Borkmadjai, Boréal, Bossdu07, BraceRC, BrightRaven, Camae, Captainm, Carthae, Casibefa, Cath705, Caton, Ceddrik, Cedrenchante, Chaica, Cham, Chaoborus, Chaps the idol, Chmlal, Christophe Dioux, Christophe cagé, Chrono1084, Chronos004, Cl;nintendods, Coleman007, CommonsDelinker, ComputerHotline, Cortomaltais, Coyau, Coyote du 86, Crazy runner, Creasy, CreatixEA, Cymbella, CynoDo, Cyrilc, DOM34970, Daiima, Dake, Damienlebossdu92, Dark Attsios, Darkoneko, David Berardan, David Latapie, Deep silence, Desaparecido, Dhatier, Didierklodawski, Diperia, Dnalor87, DocteurCosmos, Dodoïste, Dollylucie, Dominiko, Démocrite, EDUCA33E, Ebourbonnais, Eden2004, Ediacara, Eiffele, Elf, Elfix, Elidaabdou, Eliott, Elodie11, Elwiria, Emirix, Enfantmalefique, EoWinn, Erasmus, Erythacus, Escaladix, Esprit Fugace, Etxrge, Eutvakerre, EyOne, F.rodrigo, FDo64, FR, Fabian6530, Fabien1309, Fackziihd, Fakou, Fandepanda, Ffx, Fiablematou, Flambe fr, Fluti, Fm790, FoeNyx, Fred educ, Frédéric, Fu Manchu, Funny 57, Funnyhat, GGcarote25, Gafia, Gainche, Gaston Lachaille, Gede, George de Jolival, Ggbb, Ghostdance, Gika, Gillykiller, Gloubik, Gmz, Goku, Goliadkine, Gonioul, Gotty, Gpic, Graoully, Gretaz, Greudin, Gribeco, Grigori29, Grim Reaper, Grimlock, Grondin, Gronico, Guillom, Gyrostat, Gz260, Gzen92, GôTô, Hano Nymes, Haplous, Hector Jean, Heimdalltod, Hemmer, Hercule, Hexasoft, Hkabla, Homardestgrand, Huster, Hégésippe Cormier, IAlex, Ice Scream, Ico, Igel 14, Indeed, Ingried, Inisheer, Iznogood, JLM, Jacques Ghémard, Jallet, Jangol, Jarfe, Jean-Claude McMussy, Jean-Pierre Fauxcul, Jean-marc go - 01, JeanBono, Jeanfi, Jeanot, Jeantosti, Jef-Infojef, Jeffdelonge, Jerem56, Jerome Charles Potts, Jerome66, Jlancon, Jorge, Jplm, Ju gatsu mikka, Jules78120, Juraastro, Jurisprudent, Kassus, Kelson, Kernitou, Kevindoss, Kilianours, Kilith, Kinashut Kamui, Kintaro, Kipmaster, Klein, KoS, Korrigan, Kropotkine 113, LAGRIC, LPLT, La-crevette-jaune, Lamiot, Larkos, Lauranne, Laurent Nguyen, Le gorille, Le messager 2008, Le pro du 94 :), Le promeneur, LeMorvandiau, Leag, Legrand1986, Lelan2310, Leodekri, Leonardse, Les3corbiers, Letartean, Lili6421, Linél, Lithium57, Litlok, Liyagoldy, Lmaltier, Lomita, Lucignolobrescia, Ludo29, Lumerle, Lyn, Léopard-35, MaCRoEco, Macassar, Madiot, Madlozoz, Maloq, Malta, Manchot, Maniak, Mansuetus, Manu1400, Manuguf, Manukahn, Marc BERTIER, Marc Mongenet, Marcoboo777, Marcus Magus, Mark123, Markadet, Mathieuclement, Maurilbert, Mcleish, Medamine9460018, Mehnimalik, Meknessirif, Menryck, MetalGearLiquid, Metroitendo, Mic79, MicroCitron, Milord, Min's, Mirgolth, Mistergio, Mith, Moez, Moipaulochon, Monnomestjaques, Monsieur Fou, Morphypnos, Moumine, Moumousse13, MrDemoniak, Mro, Mschlindwein, Musicaline, Mutatis mutandis, Mzelle Laure, NRBKrew, NVar, Naevus, Nakor, Nataraja, Newyork60, NicDumZ, NicoV, Nicoboy1973, Nicolas J., Nicolas Lardot, Nicolas Ray, Nicolashag, Nikoooo, Noritaka666, Numbo3, Nutoj, Oblic, Olivbd, Omondi, Orthogaffe, Orthomaniaque, Ostrea, Ouille57, Oxo, P-e, Pabix, Padawane, Paola Ole, Passoa15, Patch051, Patchak, Pautard, Pem, Peneloppe, Penjo, Perditax, Pfinge, Phe, Philippe Giabbanelli, PhilippeMalherbe, PieRRoMaN, Pierre-Crespin, Pixeltoo, Pj44300, Ploum's, Pontauxchats, Popolon, Popup, Poulos, Pseudomoi, Ptyx, Punx, Pwet-pwet, Quentinv57, R, RM77, Randall Flagg, Rara25, Restefond, Rhadamante, Rhiannon, Richardbl, Rigolithe, Rob Hooft, RogerGravel, Romanceor, Roosevelt, Rosedessables, Roux-miaou, Rpa, Runaway9995, Rune Obash, Ryo, Rémih, Sakharov, Salix, Salsero35, Sam Hocevar, Sambe2, Sanao, Santerref, Saru063, Sasa123456, Schiste, Sebajuma, Sebb, Sebjarod, Sebleouf, Semnoz, Shawn, Sherbrooke, Shiba, ShreCk, Shri Ganapati, Simz, Sisyph, Sixsous, Ske, Skull33, Skybud, Solensean, Solveig, Speculos, Spedona, Sroulik, Stanlekub, Starus, Ste281, Sticky Parkin, Strangeways, Stronbi, Sweettaffy, Taguelmoust, Tallinn, Tanka, Tavernier, Tejgad, Tgykrfhr, Theocrite, Theoliane, Thesupermat, Tibauk, TigH, Titou42000, Tkdtotowow, Tornad, Totodu74, Toutoun35, Toutoune25, Traleni, Trilobite, TroisiemeLigne, Tsaag Valren, Tusauraspas, Udufruduhu, Urhixidur, Ursutraide, Valérie75, Van Rijn, Vargenau, Vazkor, Veilleur, Viking59, Vincnet, Vinz1789, Violaine2, Vioxx, Vlaam, Volo, VonTasha, Vyk, Wanderer999, Weft, Wiki-User03, Wikipedy, Wil3000, Wiolshit, Woofywoofer, Woww, X pirate x, Xaphan9966, Xic667, Xofc, Yann165, Yelkrokoyade, Yorick, Z653z, Zandr4, Zelda, Zetud, Ziron, Zod13, Zyzomys, ~Pyb, Éclusette, Émeric, 881 anonymous edits

Bearded_collie *Source*: http://fr.wikipedia.org/w/index.php?title=Bearded_collie *Contributors*: 120, Abujoy, AnnieAstronomie, Awsguy1, Carbone14, Ewan ar Born, Grimlock, JLM, Jay64, Lozia, Macassar, Pako-, Phe, PierreSelim, SecrétaireBCCF, Tux-Man, Violaine2, Wamiz, 5 anonymous edits

Berger_de_Bergame *Source*: http://fr.wikipedia.org/w/index.php?title=Berger_de_Bergame *Contributors*: Abujoy, Anne Bauval, Badmood, Bradipus, Doc103, Eolfiin, François SUEUR, Gzen92, Josephine06, Jura1970, Leag, Macassar, Malost, Nya, Pako-, Polmars, Ste281, Theus PR, Titidark, Tracouti, VonTasha, Wiz, 13 anonymous edits

Berger_blanc_suisse *Source*: http://fr.wikipedia.org/w/index.php?title=Berger_blanc_suisse *Contributors*: Abujoy, Amelie15, Anne Bauval, Asclepias, CommonsDelinker, Daryona, Dhatier, Ewan ar Born, Gonioul, Grigori29, Ice Scream, Jasef, Jay64, Le Babelleir, Le gorille, Lolo78630, Lomita, Manouboubou, Mig, Nya, Orphée, Pako-, Pretenderrs, Rlavesvre, Ryo, Ske, Spirot, Ste281, Superjuju10, Tanka, Thibault Taillandier, Totodu74, Tux-Man, Urkann, Vincent Lextrait, Violaine2, Vonvon, Xic667, 59 anonymous edits

Berger_belge_Laekenois *Source*: http://fr.wikipedia.org/w/index.php?title=Berger_belge_Laekenois *Contributors*: Abujoy, Arantes, Astirmays, François SUEUR, Pj44300, PtitePouille, Romelerfels, TCY, Tux-Man, 12 anonymous edits

Malinois_(chien) *Source*: http://fr.wikipedia.org/w/index.php?title=Malinois_%28chien%29 *Contributors*: Abrahami, Abujoy, Amylmetacresol, Basilus, DocteurCosmos, Draghos, Elodog, Erasmus, Ewan ar Born, F.rodrigo, Fabian6530, Florian 304, Gpic, Grigori29, Gédé, Jay64, Kropotkine 113, Lil'cla, Lionelsv, Moumine, Od1n, Ollamh, Pako-, Passion Chien, PouX, Rhadamante, S0l0xal, Solensean, Starus, Ste281, Stephane.lecorne, Theoliane, Tux-Man, Violaine2, Vonvon, Ziflay, 35 anonymous edits

Berger_belge *Source*: http://fr.wikipedia.org/w/index.php?title=Berger_belge *Contributors*: A2, Abujoy, Anne Bauval, Bapt1steD, Catskingloves, Chico75, CommonsDelinker, Elodog, Erasmus, Ewan ar Born, F.rodrigo, Flot, Félinéa, GY3, Gatien Couturier, Gpic, Grigori29, Hercule, Jay64, Leag, Liometallo, LuRobby, M-le-mot-dit, Manouboubou, Mwinda, Pako-, Pj44300, Poulos, PtitePouille, Romanc19s, Rpa, Ste281, Surréalatino, Tux-Man, Van Rijn, Zedifax, 20 anonymous edits

Chien_de_montagne_des_Pyrénées *Source*: http://fr.wikipedia.org/w/index.php?title=Chien_de_montagne_des_Pyr%C3%A9n%C3%A9es *Contributors*: Abujoy, Acer11, Alecs.y, Ancalagon, Arnaudus, Arria Belli, Badmood, Bob08, Chl, Creib, David Latapie, Drolexandre, Elnon, Ewan ar Born, Fralambert, Grasyop, Guy777, Guérin Nicolas, Jay64, JeanClem, Jmax, Laurent Nguyen, LouisDollo, Mathieuw, MicroCitron, Mishgan, Morburre, Nya, OMar92, P-e, Pako-, RERSM, Romanc19s, Rémih, Siren, Ste281, Tella, Tux-Man, V.Beerenkotten, VonTasha, Ziron, 45 anonymous edits

Berger_allemand *Source*: http://fr.wikipedia.org/w/index.php?title=Berger_allemand *Contributors*: Abracadabra, Abujoy, Angesgardiens, Anne Bauval, Artiiste-xD, Asabengurtza, Askywhale, Athenamillenium, Balougador, Bapti, Beatnick, Bombastus, Boretti, Bserin, Buggs, Charles68, Chennir, Chmbox, Cornet de la place Jourdan, Coyote du 86, Cyrilc, Céréales Killer, Darkoneko, David.Monniaux, DerYcK, Elf, EoWinn, Ewan ar Born, F.rodrigo, FR, Fm790, Gael78990, Galexandre, Gdgourou, Gede, Gpic, Grigori29, Gédé, Holycharly, Hégésippe Cormier, IAlex, Inisheer, Isaac Sanolnacov, Ithilsul, JLM, Jay64, Jef-Infojef, Jmax, Jmda, Kelson, Korg, Laomai Weng, Lauranne, Laurent Nguyen, Le pro du 94 :), LeMorvandiau, Lepsyleon, Linedwell, Linksysbb, Litlok, M-le-mot-dit, MagnetiK, Manouboubou, Mikefuhr, Mirgolth, Mith, Morcri, Nomdeboum, Nonopoly, Noriukempf, Nya, Ollamh, P-e, Pako-, Pj44300, Princesscycy, Ryo, Réglisse le chat, Sam Hocevar, Schiste, Seanaus, Sebleouf, Sebletoulousain, Sman, Ste281, TCY, Taguelmoust, Tanka, Thargos, The RedBurn, Theon, Thesupermat, Thiboniste, Trabelsiismail, Treanna, Tux-Man, Vincnet, Vonvon, Wiki-User03, Wiz, Zemisskitty, Zicia, Zyzomys, מראהגייר ירעל, 163 anonymous edits

Berger_australien *Source*: http://fr.wikipedia.org/w/index.php?title=Berger_australien *Contributors*: Abujoy, Anne Bauval, Aussieboss, Awsguy1, Bapti, Barbe-sauvage, Binabik155, Elisehumbert, Ewan ar Born, Fabrice.pottier, Ggal, Goofy13, Grigori29, Gronico, Gzen92, Harmonia Amanda, Inisheer, JLM, Jackske85, Jerome66, Jmax, Jmudry, Koui², Koyuki, Lomita, Louisesabinep, Manouboubou, Nya, Pako-, Ryo, Sendell Caramdir, Ste281, Thibault Taillandier, Tux-Man, Violaine2, Vonvon, White-Fox, Wiz, Zetud, 67 anonymous edits

Berger_belge_Groenendael *Source*: http://fr.wikipedia.org/w/index.php?title=Berger_belge_Groenendael *Contributors*: Abujoy, CommonsDelinker, Deep silence, Félinéa, GdML, Grigori29, Jacques Ballieu, Jmax, Macassar, Mberenguer, Rpkx, Surréalatino, Tux-Man, 20 anonymous edits

Image Sources, Licenses and Contributors

MIX
Papier aus verantwortungsvollen Quellen
Paper from responsible sources
FSC® C105338
FSC
www.fsc.org